DÉCOUVERTE DES SOURCES

ET

EXPLORATION DES EAUX SOUTERRAINES.

MARSEILLE

IMPRIMERIE ET LITHOGRAPHIE, Ve Pre CHAUFFARD

RUE DES FEUILLANTS, 20.

DÉCOUVERTE
DES SOURCES
ET EXPLORATION
DES EAUX SOUTERRAINES

PAR

L'ABBÉ F. DESCOSSE

Chanoine honoraire d'Alger et Docteur en Théologie,
Ancien Professeur de Philosophie, de Mathématiques et de Physique.

MARSEILLE.

IMPRIMERIE ET LITHOGRAPHIE Ve P. CHAUFFARD

RUE DES FEUILLANTS, 20.

1862.

I

Abondance des eaux. — Source. — Ce qu'il faut entendre par ce mot.

Les eaux couvrent la plus grande partie de la surface de la terre. Leur profondeur varie comme celle de nos vallées ou des abîmes les plus impénétrables. Cependant le domaine de cet élément, tout à la fois terrible et bienfaisant, s'étend beaucoup plus loin que les rivages des mers et des rivières. Les entrailles de la terre sont sillonnées par une infinité de courants qui entretiennent, par de perpétuelles émanations, l'humidité de sa surface, et nourrissent la racine des végétaux.

La plupart de ces courants, ignorés ou sans utilité pratique, s'ils sont connus, sont comme tout autant de trésors perdus, dont la découverte et l'usage rendraient les plus grands services à l'homme, et particulièrement aux propriétaires du sol. A peine possédons-nous quelques parcelles de ces trésors immenses et féconds, à peine quelques gouttes d'eau sont-elles à notre disposition, tandis que, faute d'exploration et de travaux, souvent peu coûteux, le citadin altéré marche sur une source qui préviendrait le désastre des sécheresses, ou le laboureur inquiet, aux approches de l'été, possède, sous le seuil de sa ferme, une eau plus que suffisante aux besoins de son champ, et à ses usages domestiques. L'expérience me l'a démontré plus d'une fois, et j'en donnerai quelques témoignages dans les faits que je me propose de faire connaître.

Néanmoins rien n'est plus commun que le désir de connaître des sources et d'en posséder, mais aussi rien n'est plus rare que de les chercher avec soin, et de les trouver réellement où elles sont. Il faut le dire, l'illusion et les désirs immodérés sont, à ce sujet, choses très-fréquentes. Par l'illusion on se trompe presque toujours en jugeant de la présence de l'eau, par des indices peu certains, qui conduisent à des recherches infructueuses, cause de frais inutiles et de découragement. Par les désirs immodérés, on prétend ordinairement faire surgir une source au lieu le plus commode et le plus convenable, autre cause d'erreur et d'illusion. On oublie, par conséquent, ou l'on ignore que l'eau ne suit pas la volonté indiscrète d'un propriétaire ou d'un cultivateur, mais les lois mêmes de la nature, appliquées en mille sens divers, parmi les fissures de la terre, dans des terrains de nature différente, et au milieu d'obstacles de tout genre. La plupart encore ignorent la notion la plus simple et la signification naturelle du mot source, ignorant ce qu'ils veulent et ce qu'ils cherchent, quand ils mettent la main à l'œuvre. Il faut prendre une source telle que la nature nous la donne, en tirer le meilleur parti possible, et ne point prétendre, avant de la bien posséder, en fixer soi-même le lieu, la profondeur et la quantité. Un hydrographe expérimenté peut, seul, nantir de ces données, l'explorateur intéressé.

Que faut-il donc entendre par source? Il faut entendre par ce mot, une eau courante, abandonnée à elle-même, à travers les sinuosités plus ou moins profondes ou variées des terrains gisants au-dessous du sol. On le voit de suite, ce n'est point une eau dormante, ni un amas quelconque de sucs différents, résultat la plupart du temps, d'eaux pluviales agglomérées; c'est encore moins une humeur terrestre ou végétale, fruit de la propriété absorbante de quelques terrains, ou des écoulements de certaines plantes. C'est, au contraire, une eau naturelle, en quantité suffisante, pour produire un courant non interrompu, à travers un parcours appréciable, et alimenté pendant une partie considérable de l'année.

Sans comparer les sources à la circulation de la sève dans les racines des plantes, ce qui est dû plutôt à la force capillaire et à une action propre à la vie des végétaux, on ne peut mieux s'en faire une idée, qu'en les comparant à de petites rivières souterraines, dont quelques unes peuvent, en certains cas, arriver à de très-larges proportions. Les sources se forment ordinairement, par la réunion de plusieurs filets d'eau, qui finissent par former un cours unique, sauf les cas ou elles proviennent de lacs, mares, bassins quelconques, souterrains ou non, formés par les eaux pluviales, les débordements des fleuves, etc., mais donnant un écoulement assez prolongé. Car dans ces derniers cas, il y a encore véritablement source, puisque les vraies sources ne sont, pour la plupart, qu'un résultat suffisamment durable des eaux de la pluie ou de débordements considérables.

Il me parait cependant plus utile, dans un traité aussi restreint que celui que j'offre au public désireux de trouver des sources, traité qui doit, avant tout, être essentiellement pratique, de faire voir comment surgissent et se manifestent les courants d'eau souterrains. Quand j'aurai dit, avec Platon, Aristote, Sénèque, Pline, Descartes, Papin et plusieurs autres savants, philosophes ou naturalistes, que les sources proviennent des eaux de la mer, de la condensation de l'air contenu dans le sein de la terre, du refroidissement de vapeurs intérieures, des eaux du ciel, ou de toute autre cause plus ou moins probable, je n'aurai pas rendu un service de plus à ceux qui désirent la présence de cette fortune si recherchée, qu'on appelle une fontaine, un puits, une eau d'irrigation, une source, en un mot. Sans doute, toutes ces notions sont très-intéressantes pour la science, et peuvent, en plusieurs circonstances, conduire à des résultats pratiques d'une très-grande utilité, mais quand il s'agit de creuser, de trouver, et de profiter de sa découverte, ce qui mène droit au but n'est-il pas plus profitable ? Que celui qui indique la présence des eaux, étudie et connaisse ces choses, rien de plus naturel, et, en certains cas, rien de plus nécessaire à son art. Il lui serait même très-préjudiciable de traiter à la légère, comme on le voit souvent, l'opinion de ces hommes célèbres qui ont pu se tromper en plusieurs occurrences, mais dont les systêmes offrent tous, quelques données certaines, et peuvent provoquer des études de la plus haute importance. Toutefois, nous adoptons, sans la discuter ici, l'opinion, que la plupart des sources ordinaires sont formées par les eaux pluviales. Cette opinion que l'observation nous a démontrée vraie en maintes circonstances, nous paraît, en outre des données expérimentales qui nous sont personnelles, plus conforme aux principes de la science.

Il nous importe et il nous suffit de remarquer, que les sources ont deux manières particulières de se manifester. Les unes apparaissent dès que l'on a atteint la profondeur voulue; elles sont pour nous la preuve presque infaillible d'une eau permanente, si elles ont été trouvées d'après le double résultat combiné des indications géologiques, et de l'expérimentation magnétique, dont nous avons aussi à parler. Les autres, au contraire, ne se manifestent qu'après un certain laps de temps; c'est l'indice, ou d'une eau moins abondante, et qui attend le cours périodique des saisons pour monter à son niveau naturel, ou d'une déviation partielle. Mais qu'il y ait quantité moindre ou dévitaion réelle d'une partie des eaux, une fois les travaux de percement exécutés, ce n'est plus qu'une affaire de temps; les eaux prennent peu à peu une direction déterminée, et, moins le cas d'une insuffisance complète, elles finissent toujours par arriver d'une manière suivie et constante. Quant aux causes les plus ordinaires d'insuccès, elles proviennent pour la plupart, de la négligence des propriétaires, ou au moins de l'oubli des conditions convenues pour l'exécution des travaux.

Deux autres phénomènes à observer, sont la variabilité et quelquefois l'interruption temporaire des sources. On pourrait même affirmer que ce sont là deux conditions essentielles à tous les cours d'eau possibles, car il est rare d'en rencontrer, dont la quantité constamment uniforme, soit perpétuellement la même; ce qui paraît encore inadmissible pour une seule année entière. Quoi de plus naturel que la variabilité de toutes les sources et l'interruption temporaire de quelques unes? Les causes qui les produisent étant variables, il est évident que les sources doivent l'être aussi. C'est pourquoi, bien qu'elles ne tarissent jamais complètement, les sources variables voient souvent la quantité de leurs eaux augmenter ou diminuer considérablement. Quant à celles dont l'écoulement est quelquefois interrompu, faute d'eaux pluviales, ou par suite d'agents intérieurs périodiques ou non, rien n'est plus commun, et pourtant ce n'est pas toujours une preuve que la source soit mauvaise. Bien des fois, avec de la patience et quelques modiques travaux, on est parvenu à rendre nulle, ou beaucoup plus rare, l'interruption d'une source, surtout lorsqu'elle aboutit à un puits, qui, par son surplein, établit une communication constante entre le point principal de départ du filet d'eau, et le bassin de réception.

Il suit des explications qui précèdent, qu'il existe fort peu de sources ayant tout à la fois un écoulement continu et une quantité d'eau à peu près égale. Cette permanence n'est pas dans les lois ordinaires de la nature physique, qui, bien que constantes et invariables en elles mêmes, se combinent par leur application, dans une indéfinie variété, particulièrement dans l'action que les éléments exercent les uns sur les autres. Ce serait ici le lieu d'expliquer succinctement la nature et surtout les conditions des deux sortes de cours d'eau, qui forment, l'un les puits artésiens, l'autre les fontaines intermittentes. Mais ces deux genres de sources sont si fréquents, que je vais en exposer la théorie dans un paragraphe spécial.

II

Théorie des courants artésiens et des sources intermittentes.

Personne n'ignore l'usage et l'immense avantage des courants artésiens, où une très-grande profondeur est ordinairement compensée par une très-grande abondance d'eau, et par une force de projection ou d'ascension, qui se prête aux combinaisons les plus ingénieuses et les plus utiles. Les sources intermittentes sont d'une utilité moins fréquentes, mais elles sont très-nombreuses. La conformité intérieure des terrains, les accidents nombreux qui dérangent l'ordre naturel des sources, qui séparent ou modifient les canaux de communication, changent, par cela même, bien des fois, la direction des eaux, et produisent des interruptions que l'on prend ordinairement pour une absence complète de ce fluide. Mais cette absence n'est bien souvent qu'une intermittence d'un cours toujours existant, et qui devient quelquefois très-considérable, au moyen de réservoirs interposés, par distances inégales, au travers d'un courant souterrain.

On aura remarqué que j'ai dit les courants artésiens, et non les puits artésiens. C'est à dessein que je n'ai pas employé cette dernière expression, n'ayant nullement l'intention de décrire ces sortes de puits, ni les instruments dont on se sert pour les forer, pas plus que la manière d'effectuer cette dernière opération, voulant seulement déterminer la marche et la force des courants qui les alimentent. Cela suffit en effet, pour déterminer, à l'avance, la quantité approximative d'eau qu'ils peuvent donner, et pour calculer la hauteur où on pourra la faire parvenir, double fin que l'on se propose ordinairement, dans la recherche de ces sources, pour les divers avantages que l'on peut en tirer. C'est que ces sources, beaucoup plus fortes que les autres, et, par cela même, plus rares, sont toujours explorées pour des usages multiples, et pour arriver à des résultats très-considérables, tels que l'alimentation d'une ville entière, ou l'établissement d'usines puissantes ; et il est certain qu'une fois leur formation connue, et leur parcours, ordinairement très-prolongé, étant déterminé, on pourra plus facilement choisir le lieu où il convient de les percer. Voyons donc comment elles se forment.

Un fait démontré, tant par l'expérience que par la conformation du globe terrestre et la nature des nuages, c'est que les eaux pluviales sont beaucoup plus abondantes au sommet des montagnes que dans les plaines, sans parler des neiges qui les couvrent une grande partie de l'année, et dont la fusion les sature lentement, mais abondamment. Il résulte de cette grande quantité d'eau, que les montagnes dont le sommet forme un plateau ou un bassin plus ou moins creux, conservent plus que les autres, de ces eaux pluviales ou de neige, pour les distribuer ensuite par des fissures ou des terrains perméables, à de très-grandes distances. Quelquefois le principal réservoir n'est pas dans le flanc de la plus haute montagne, faute de roches ou de terrains aptes à les retenir; mais dans les cavités ou dans les terrains de cols voisins et moins élevés, qui, indépendamment des eaux qu'ils ont reçues eux-mêmes, les distribuant à droite ou à gauche, et en différents sens, selon la nature de leurs versants, ont reçu encore cellles des montagnes supérieures.

Quoi qu'il en soit des différents lieux où les eaux sont retenues, il suffit d'une issue souterraine qui les conduise au fond ou au pied des montagnes, et de là, à travers les terrains des vallées ou des plaines, pour y découvrir leur présence, et apprécier leur profondeur. Mais les conditions ordinaires ne suffisent plus, lorsqu'il s'agit d'un courant artésien. Les eaux ordinaires se divisent facilement, dès qu'elles rencontrent un obstacle, ou très souvent se montrent d'elles mêmes, sans travaux d'art, par des jaillissements divers. Le courant artésien, au contraire, destiné à s'élever très-haut, doit se trouver dans des conditions d'encaissement toutes particulières, pour monter surtout jusqu'au niveau du point de départ.

Nous avons parlé de ce point de départ, en faisant connaître la manière dont les eaux pluviales ou de neige, s'agglomèrent quelquefois, soit dans les flancs des plus hautes montagnes, soit dans les cavités ou les terrains des cols voisins; et nous n'avons nulle peine à faire comprendre que, dès qu'il s'agit d'une eau que l'on veut faire monter, il faut que ce point de départ soit lui-même dans certaines proportions naturelles et convenables de hauteur, avec le point extrême d'ascension. Il n'est besoin pour cela, que de rappeler le principe des vases communiquants, et celui des eaux jaillissantes par l'effet de leur propre pression. Nous allons le faire bientôt; établissons auparavant la principale condition, dans laquelle doivent se trouver les courants artésiens, pour être distingués de toute autre source.

Il est évident que ces sortes de courants, étant destinés à s'élever à une grande hauteur, doivent rencontrer dans leur parcours, pour remplir cette fin, des obstacles qui les empêchent de se disperser en différents sens, ou une issue favorable à leur ascension. C'est comme si l'on disait, qu'ils doivent être renfermés dans un tube, au moyen duquel ils se transmettent intégralement. Or, telle est réellement la nature de leurs lits souterrains, qui sont des fissures ouvertes à travers des roches, ou des couches imperméables, ou bien encore, à travers des terrains perméables, au milieu desquels l'eau filtre, lorsqu'il sont recouverts, pour empêcher les écoulements latéraux, d'une couche dure ou imperméable. Les eaux ainsi renfermées comme dans un aqueduc, ne peuvent en sortir que par une incision faite à un point donné de la paroi ou enveloppe, au moyen d'une sonde ou d'un foret.

Je suis loin d'admettre, sans restriction, le système du siphon renversé, transmettant directement les eaux des montagnes à d'autres hauteurs quelquefois très éloignées des premières, et les faisant ainsi circuler par de vastes plaines, pour les porter ensuite sur des cimes élevées, où l'on a quelque peine à s'expliquer la présence d'eaux souvent abondantes. Le siphon, formé ordinairement par les fissures des roches, ou par des terrains perméables, pris dans des proportions trop étendues, se concilierait quelquefois difficilement avec la variété des couches terrestres et les mille accidents auxquels elles sont assujeties, surtout lorsqu'il s'agit de voir remonter les eaux pour arriver à l'orifice de jaillissement. Un tel phénomène ne pourrait se comprendre sans faire la part du poids de cette immense colonne d'eau, qui exerce une action constante sur toute la paroi du siphon, et qui devrait souvent s'échapper par toutes les parties faibles du tissu.

On peut bien admettre néanmoins l'existence de pareils siphons; il n'y a, en cela, rien d'absolument impossible. C'est pourquoi si nous sommes loin de les admettre sans restriction, nous sommes également peu disposé à les rejeter d'une manière absolue. Ils peuvent surtout exister, si on les suppose dans des dimensions moindres, c'est-à-dire, s'ils n'ont à parcourir qu'un court espace, et à ne transmettre l'eau qu'à une petite hauteur. Dans ces conditions, la plupart des inconvénients disparaissent, et ceux qui restent encore se réduisent à peu de chose. Les inconvénients les plus graves peuvent même disparaître complètement, pour les plus grands siphons comme pour les plus petits, si la conduite d'ascension est creusée dans un terrain peu sujet au danger de pertes et d'écoulements latéraux, causés par les fissures ou par des couches trop perméables, ou si cette même conduite est garnie d'un tube métallique dans lequel l'eau s'élèvera, sans qu'aucun obstacle vienne s'opposer à sa force d'ascension. Dans ce dernier cas, la partie du siphon, d'abord la plus sujette aux éboulements ou autres accidents semblables, présentera plus de garanties, et le tout ensemble donnera la forme, et en même temps tous les avantages d'un tube recourbé, dont une extrémité se trouvera au point de départ des eaux, le coude à la partie la plus basse du lit du courant, et la deuxième extrémité au niveau du terrain percé artificiellement, ou encore, à l'orifice d'un tube surajouté, faisant monter l'eau au niveau de départ. Mais comment se produit ce phénomène d'ascension? Je l'ai déjà suggéré, en parlant de vases communiquants. Il suffit d'avoir les premières notions d'hydrostatique, pour savoir ce qu'on entend par ces sortes de vases. J'en donne néanmoins la définition, et j'établis les deux principes sur lesquels ils reposent, afin de compléter, pour les moins expérimentés, la théorie la plus simple des courants artésiens.

Les physiciens entendent communément par vases communiquants, une réunion de deux ou plusieurs vases, ouverts par les deux extrémités, quelle que soit la dimension ou la forme des vases, la dimension ou la forme de leurs ouvertures, pourvu qu'ils soient mis en communication, par des ouvertures inférieures, au moyen d'un liquide contenu dans un récipient commun. Les principes sur lesquels ils reposent, sont les deux principes de l'équilibre des liquides, à savoir : 1° Que la surface libre d'un liquide en équilibre, doit être, en chaque point, perpendiculaire à la direction de la verticale; 2° Qu'une molécule quelconque d'une masse liquide en équilibre, doit éprouver, dans tous les sens, des pressions égales et contraires. De là, cette première conséquence immédiate, que le niveau des eaux libres et en équilibre, présente une surface horizontale; puis une deuxième conséquence, à savoir, que, quel que soit le nombre des vases communiquants, ils sont pour la masse totale du liquide, comme s'ils n'étaient pas, c'est-à-dire, que le niveau ne cesse pas de présenter une surface plane horizontale, et que la loi de la pression intérieure ne subit aucune modification ; une troisième conséquence consiste en ce que, si le récipient commun est percé par un petit trou, à son fond, ou à l'une de ses parois latérales, de manière à ce que, par un petit tube, le liquide soit dirigé de bas en haut, celui-ci tendra à jaillir. C'est le principe des jets d'eau. Une autre conséquence enfin, découlant de la précédente, c'est que si ce dernier petit tube est remplacé par un autre, d'un diamètre quelconque, s'élevant indéfiniment, le liquide montera dans celui-ci, juste au niveau de départ. Remplaçons maintenant le récipient commun et tous les vases communiquants, par un simple tube recourbé et prolongé de bas en haut, un liquide versé dans ce tube, qui n'est autre que le siphon renversé, s'élèvera également dans l'une et l'autre branche. C'est le système du courant artésien, le plus simple, avec cette seule différence, que la seconde branche du siphon, au lieu d'être une ouverture de même forme que la première, est ordinairement le résultat régulier et symétrique d'une œuvre d'art.

On a remarqué, dans un grand nombre de courants artésiens, que le jaillissement de l'eau était soumis à des intermittences, qui ont fait craindre plus d'une fois la déviation de l'eau. Mais cette crainte, peu fondée, est presque toujours remplacée tôt où tard par une confiance que l'expérience a confirmée et justifiée. Toutefois, la nature des canaux ou tubes naturels, propres à ces sortes de courants, et l'abondance de l'eau, suffiraient pour dissiper cette crainte. Le plus grand danger n'est pas dans le canal naturel, mais dans l'ouverture artificielle, où ont lieu de fréquents éboulements, si on ne la munit pas aussitôt d'un long cylindre creux, qui empêche les accidents de cette nature, en donnant, seul, passage à l'eau, qui, par ce moyen, n'est plus en contact avec les terrains adjacents. Il faut donc attribuer à toute autre cause qu'à la déviation, ou à l'abscence des eaux, les intermittences dont nous venons de parler. Elles peuvent, en effet, provenir et proviennent ordinairement de deux causes bien différentes, qui agissent non-seulement sur les courants artésiens, mais encore sur une infinité d'autres sources.

La première de ces causes, est dans la présence, au sein de la terre, de masses d'air, de gaz ou de vapeurs, dont la compression, la dilatation ou l'explosion, modifient, sans les changer toujours entièrement, les cours d'eau, soit par des éboulements partiels, soit par des fissures latérales, soit en un mot par une série d'accidents provoqués par ces agents physiques. Dans ce cas, l'intermittence prolongée, jusqu'à ce que l'eau ait rejoint son ancien lit, est peu régulière, et ne se reproduit quelquefois qu'après un grand nombre d'années. La seconde cause est dans les simples éboulements provenant de la nature du terrain, ou dans la présence de corps étrangers emmenés par les eaux. L'intermittence a, au contraire, un caractère périodique, lorsqu'elle est soumise à certaines conditions régulières, qui en font, ce que l'on appelle des fontaines intermittentes. Ces sortes de fontaines, en tant que manifestées à la surface du sol, sont assez rares, mais le cours souterrain des eaux offre de nombreux exemples de ce phénomène, dont il me reste à faire connaître ici, les causes les plus communes, et à en donner une description succinte.

Les fontaines intermittentes, soit qu'elles se trouvent à la surface du sol, soit qu'elles perdent leurs eaux dans l'intérieur de la terre, reposent encore sur le principe du siphon, très-souvent formé par les fissures des roches, par les terrains perméables ou par les jointures des différentes couches. Leur conformation consiste en un bassin plus ou moins grand, dans lequel arrivent les eaux d'une source ordinaire. Ce bassin met naturellement plus ou moins de temps à se remplir, selon que la quantité d'eau qu'il reçoit, est plus ou moins abondante, mais aussi, selon que sa capacité est plus ou moins grande. Le temps qu'il met à se remplir, comparé à sa capacité, est la mesure de l'intermittence de la fontaine, et voici comment. Sa partie inférieure étant percée, et communiquant à une fissure en forme de tube, dont la direction, de bas en haut, commence le siphon, l'eau s'élève dans cette fissure, en même temps qu'elle s'élève dans le bassin. L'eau monte par conséquent aussi haut, dans ce tube naturel, que dans le bassin lui-même. Que la partie supérieure et recourbée de la fissure corresponde à un point qui sera la moitié, les trois quarts ou la totalité de la hauteur du bassin; quand l'eau sera à cette moitié, à ces trois quarts, ou à cette hauteur totale, elle redescendra par cette partie supérieure qui forme le coude de la fissure, et si celle-ci est prolongée en dessous du fond du bassin, elle le videra entièrement, en supposant toutefois que l'eau qu'elle déverse, en un temps donné, est plus abondante que celle qui arrive au bassin, dans la même mesure de temps, car en cas contraire, le bassin ne pourrait jamais être vidé, et il n'y aurait point intermittence. Si, par contraire, l'orifice extrême de la fissure est moins bas que le premier orifice, adjacent au fond du bassin, celui-ci ne sera vidé que jusqu'à un point de sa paroi latérale, correspondant au point de l'orifice extrême. Une fois vidé, le bassin ne recommencera à couler, que lorsque l'eau qui le remplit, toujours supposée en moindre diamètre que celle qui le désemplit, se sera élevée de nouveau jusqu'au coude de la fissure.

Ainsi donc, comme il est facile de le comprendre, le principe de la fontaine intermittente, n'est autre que celui du siphon, communément appelé tire-vin, et son intermittence, en tant qu'application, dépend toute, de cette condition essentielle, que le tube d'écoulement doit verser plus d'eau que le tube par lequel le bassin s'alimente.

Avant d'arriver à la manière de reconnaître la présence des sources, par la nature des terrains, je vais résumer dans le paragraphe suivant, les moyens ordinaires et les signes extérieurs, par les quels chacun peut la présumer.

III

Moyens faciles et signes extérieurs, par lesquels on peut juger prudemment de la présence des sources.

Les signes extérieurs, au moyen des quels on peut juger facilement de l'existence et de la présence des eaux souterraines, sont au nombre de trois : la présence de plantes aquatiques, les émanations sensibles provenant de courants assez rapprochés du sol, les formes extérieures du terrain.

Il faut éviter ici, de confondre les plantes aquatiques avec les plantes aquatiles. Celles-ci sont des plantes qui ne peuvent vivre hors de l'eau, et qui supposent toujours par conséquent, une eau apparente, soit courante, soit dormante, et nullement une eau cachée et intérieure, telles sont les algues, la lymphea, la lentille d'eau, etc. Les premières, au contraire, sont celles qui s'alimentant de moins d'eau que les aquatiles, vivent dans un terrain humide. Cependant comme l'humidité d'un terrain n'est pas toujours la preuve de l'existence d'un courant d'eau, on devra tenir compte dans l'exploration des sources, au moyen des plantes aquatiques, de l'inclinaison du sol, en se basant, pour ce genre d'observation, sur ce que nous dirons tout à l'heure des surfaces et des versants.

Les plantes aquatiques les plus communes sont, le saule, l'osier, l'aune, le roseau, le jonc. Le saule, contenant des végétaux ligneux, se plait et s'alimente dans les terrains aquatiques, et particulièrement au fond des vallées, ou sur les lignes de jonction, aux qu'elles aboutissent les versants des collines. Le saule-pleureur et le saule-marseau sont les plus répandus. Le second, quoique formant un bois très-dur, peu poreux, et apte à devenir poli, est aussi la preuve évidente d'une abondante humidité, même dans les terrains plats et uniformes, parmi lesquels se trouvent quelquefois de légères dépressions, lieu ordinaire de ces arbustes, lorsqu'ils sont dans des plaines. Les saules sont tellement avides de terrains humides, et s'alimentent si facilement dans un sol, sous lequel se trouve un courant d'eau, qu'il suffit, pour avoir, en peu d'années, un arbuste et quelquefois un arbre considérable, d'en planter une baguette, n'importe dans quel sens, en un lieu humide, ou près d'un petit ruisseau.

L'osier est une espèce de saule qui, à cause de ses propriétés aquatiques, se reproduit si facilement, et jouit d'une si grande flexibilité, que Delille a dit merveilleusement de cet arbuste :

Ainsi le souple osier se reproduit sans peine.

Castel a ainsi défini sa souplesse et son usage :

Hâtez-vous de venir, avec l'osier pliant,
Attacher à vos murs, l'arbrisseau chancelant.

Un autre poëte, également gracieux, ajoutait :

Pour charmer ses loisirs, il travaille, et l'osier
S'arrondit sous ses doigts, en rustique panier.

A ces naïves descriptions, chacun reconnaît cet arbuste précieux, dont la verdure et la fécondité, dénoncent toujours quelque source timide et limpide, qni peut devenir aisément une riche et gracieuse fontaine, dont l'écume d'argent donnera au jardin la riche variété de ses produits, et au champ voisin la fécondité de la prairie ou l'or pur de la moisson.

Pourquoi l'osier, si utile, si agréable, si gracieux, pourquoi cet emblême prophétique de la fécondité et de la richesse, a-t-il été également choisi pour représenter la souplesse si peu gracieuse et la flexibilité du flatteur, au point de faire appeler celui-ci, un *osier complaisant*, et d'avoir fait dire à Saint-Simon : *Il sut se maintenir en osier de cour?*

L'aune, ou aulne, porte sa signification dans son nom, (*alitur amne,* il se nourrit le long des eaux). Il y a pourtant une espèce d'aune, à fruits cordiformes, qui croît et prospère dans les terrains les plus secs. Celui dont nous parlons ici, c'est particulièrement le peuplier, qui croît avec peu de soins, et dénote presque toujours une eau courante.

Le roseau offre une grande variété d'espèces. Parmi ces espèces nombreuses, deux surtout, font connaître la présence des eaux ; ce sont : le roseau des fleuves et le nymphea. Le prémier élève fièrement ses feuilles vigoureuses et son fruit panaché, le second étend sur le sol ses feuilles et ses fleurs.

Mais de toutes les plantes qui avoisinent les eaux, le jonc est la plus répandue. Le jonc est en effet la plus commune des herbes aquatiques. Partout où se trouve un terrain où l'humidité abonde, on la rencontre ; sur le sommet des montagnes comme dans les vallées, le long des cours d'eau, comme dans les étangs et les marais ; et il n'est aucune partie du globe où elle ne soit connue. Ainsi on peut dire, sans crainte de se tromper, en la voyant, qu'il y a tout près d'elle, ou sous sa racine, de l'eau courante ou stagnante, la position du lieu pouvant, seule, faire connaître l'un et l'autre de ces deux états de l'eau, à savoir si elle forme un courant régulier, ou si elle est purement stagnante et marécageuse.

L'encyclopédie, renfermant ces données générales en quelques lignes, s'exprime ainsi. « Les endroits où l'on voit fréquemment les grenouilles se tapir et presser la terre, fourniront infailliblement des rameaux de sources, de même que ceux ou l'on remarque des joncs, des roseaux, du baume sauvage, de l'argentine, du lierre terrestre, du persil de marais, et autres herbes aquatiques. »

Après l'indication des eaux par la nature des plantes, se présente une deuxième classe de moyens vulgaires, mais rationnels, qui conduisent presque toujours aux résultats les plus heureux. Je les ai vérifiés en une infinité de circonstances, ne me mettant presque jamais en état d'observation pratique, qu'après avoir demandé si l'on aurait déjà quelques indices sur les quels je puisse, du moins en partie, baser mes opérations. Toujours j'ai remarqué que les indices que l'on me donnait, s'accordaient avec les observations faites par les anciens, et que ceux-ci employaient comme moyens ordinaires de découverte. Évidemment, si les anciens avaient employé les moyens que l'art et la science ont fournis depuis, ils seraient arrivés comme les modernes à des résltats inappréciables. Mais on ne peut néanmoins leur refuser, d'avoir poussé l'art de l'indication des sources, même par les seuls moyens vulgaires, à des résultats nombreux, et d'une incontestable utilité.

Pour ne pas nommer tous les naturalistes anciens, qui ont traité cette question, et qui ont rendu de ce fait le témoignage le plus formel, qu'il nous suffise de dire, que Pline regardait comme très-importants et très efficaces, ces divers moyens de découvrir des sources.

L'Encyclopédie les résume encore de la sorte : « si en se couchant un peu avant le lever du soleil, le ventre contre terre, ayant le menton appuyé et regardant la surface de la campagne, on aperçoit, en quelques endroits, des vapeurs s'élever en ondoyant, on doit hardiment y fouiller. La saison la plus propre pour cette épreuve, est le mois d'août.

« Lorsque, après le lever du soleil, ont voit comme des nuées de petites mouches qui volent vers la terre, surtout si elles volent constamment sur le même endroit, on doit conclure qu'il y a de l'eau dessous.

« Lorsqu'on a lieu de soupçonner qu'il y a de l'eau en quelque endroit, on doit y creuser une fosse de cinq à six pieds de profondeur, sur trois pieds de largeur, et mettre au fond, sur la fin du jour, un chaudron renversé, dont l'intérieur soit frotté d'huile : fermez l'entrée de cet espèce de puits avec des planches couvertes de gazon.

Si le lendemain vous trouvez des gouttes d'eau attachées au dedans du chaudron, c'est un signe certain qu'il y a au-dessous une source. On peut aussi mettre sous le bassin, de la laine, qui, en la pressant, fera juger si la source est abondante.

« On peut encore, avec succès, poser en équilibre dans cette fosse un aiguille de bois, ayant à une de ses extrémités une éponge attachée. S'il y a de l'eau, l'aiguille perdra son équilibre.

Un troisième moyen vulgaire et facile, est celui qui a pour base, la conformation superficielle des terrains, c'est-à-dire les dépressions plus ou moins grandes des plaines, les surfaces inclinées, les versants des montagnes ou des côteaux, les lignes d'intersections, en un mot, tout ce qui affecte ou modifie la perspective du sol.

« Au pied des montagnes, dit toujours l'Encyclopédie, parmi les rochers et les cailloux, les sources sont plus abondantes, plus fraîches, plus saines et plus communes que partout ailleurs, principalement au pied des pentes tournées au septentrion ou exposées au vent humide. Les montagnes dont la pente est douce et qui sont couvertes d'herbes, renferment d'ordinaire quantité de rameaux; de même que pour les montagnes partagées en petites vallées placées les unes sur les autres, l'aspect est, ou nord-est, ou même ouest, est communément le plus humide.»

Nous avons dit que l'agglomération des eaux qui produisent les sources, a toujours lieu dans des cavités, ou des terrains spongieux, renfermés eux-mêmes dans des terrains imperméables, aptes à les recevoir et à les contenir. Si ces cavités sont considérables, elles peuvent suffire à alimenter, une année entière, ou au moins, une partie considérable de l'année, un cours d'eau souterrain, ou extérieur. Si elles sont petites, c'est par la réunion des différents petits filets qu'elles donnent, que se forment des courants plus grands, comme un fleuve se forme ou s'accroît, par la réunion de plusieurs petites rivières. Nous avons dit aussi, que c'est ordinairement dans l'intérieur des plateaux élévés ou dans le fond des plaines et des vallons, que les eaux pluviales s'agglomèrent. Mais des plateaux élévés et aptes à recevoir les eaux, ou des autres centres d'agglomération, il provient une infinité de courants intérieurs, dont il est à propos de connaître, sinon la marche constante et régulière, au moins les lieux de station ou les points de regonflement, afin d'opérer, en ces mêmes lieux ou en ces points, les percements dont on espère obtenir un résultat favorable, et une quantité d'eau convenable. Voici, en conséquence, les principes généraux d'après lesquels on pourra effectuer les fouilles.

1° S'il s'agit d'un courant d'eau à exploiter, dans une plaine, il faut commencer par observer les différents plis du terrain, choisir ensuite, de préférence, ceux qui communiquent avec le creux d'un vallon ou avec un angle rentrant d'un versant voisin, et enfin, opérer la fouille dans le lieu le plus bas de ce pli, soit qu'il continue à s'étendre dans la plaine, soit qu'il se développe sous une forme quelconque, circulaire, triangulaire ou autre.

2° Il arrive souvent que les propriétaires désirent trouver de l'eau sur le penchant d'une colline ou d'un côteau. Rien de plus naturel qu'un pareil désir, une eau, ainsi découverte, étant l'indice ordinaire d'une source courante ou jaillissante, tandis que celles de la plaine, ne donnent bien souvent que des puits.

Dans ce second cas, il faut commencer, comme pour les plaines, par l'exploration des lieux, et avant de creuser, s'assurer que la colline que l'on veut fouiller, offre une surface assez considérable, d'un ou deux kilomètres au moins, et si la conformation extérieure de son plateau et de ses versants, offre quelque garantie convenable. Pour cela, le plateau doit être de nature à conserver, par son étendue et par ses plis, une grande partie des eaux pluviales qu'il reçoit, et les versants doivent présenter quelques sinuosités en forme d'angles rentrants. Dans l'hypothèse d'une conformation pareille à celle que nous décrivons, on peut, avec grande chance de succès, et avec certitude, si le plateau est convenablement développé, et si les sinuosités sont longues et profondes, opérer la fouille. Il suffit de choisir les points où ces sinuosités présentent l'angle le plus profond et le mieux protégé par des escarpements de terrains ou de rochers.

3° Quelquefois le peu d'espérance de succès, provenant d'une conformation moins caractérisée de la colline, détermine à creuser au pied même du versant. Il est alors important, ce que je dis aussi pour le cas précédent, de s'assurer de la pente de ce versant, comparée au versant opposé. Si celui-ci, offre plus d'étendue et une pente plus douce, le premier contient peu d'eau et souvent point du tout. Si, au contraire, le premier que l'on a vu, et dans lequel on veut creuser une source, est plus prolongé et plus doux, c'est preuve qu'il conserve une majeure partie des eaux qui tombent à la surface de la colline. Cette observation faite, on peut creuser au pied du versant, au fond du pli le plus considérable du terrain, en ayant soin toutefois, de ne point prendre pour le sommet de l'angle rentrant, le sommet d'un angle apparent, formé souvent par les détritus qu'ont emmenés les pluies et les éboulements.

4° pour creuser sur les plateaux des montagnes, j'indique le même moyen que j'ai donné pour les plaines, en observant qu'il faut prendre, de préférence, les plis ou les cavités qui seraient en communication avec des plis ou des cavités des sommets supérieurs, s'il s'en trouvait. Et cela a lieu lorsque plusieurs collines ou plusieurs sommets d'une même montagne, sont superposés en forme d'amphithéâtre.

Je crois inutile d'indiquer les moyens qui font connaître le volume d'eau ou la profondeur de la source. Ou la source que l'on veut creuser, est indiquée par les moyens ordinaires et presque vulgaires, que j'ai exposés dans ce paragraphe, et alors, un peu d'habitude et quelque expérience, font aisément deviner le volume et la profondeur ; ou bien des combinaisons plus compliquées, provenant de la forme ou de la nature du terrain, demandent des opérations multiples et plus difficiles, c'est le cas de consulter un explorateur plus exercé, qui indiquera lui-même la profondeur, et fixera approximativement le volume. Il serait d'ailleurs bien difficile d'établir à ce sujet des règles fixes et invariables. Ce serait même prétentieux, vu le nombre et la variété des accidents qui modifient ces deux particularités d'une source, sa quantité, et sa profondeur précise. Disons-le même, sans crainte d'être démenti, c'est dans l'indication d'une source, ce qu'il y a de plus difficile et de plus incertain. Néanmoins, même dans une exploration compliquée, un hydroscope expérimenté arrive inévitablement, par la suite de ses observations, à des résultats très-satisfaisants. D'ailleurs, je me propose de faire connaître dans la question magnétique de ce traité, ce que l'expérience m'a appris et ce, dont elle m'a convaincu, par rapport à la profondeur et au volume des eaux souterraines.

IV.

Etude générale sur la constitution des parties solides de la surface de la terre, examinées dans leur rapport avec les sources ou les courants d'eau souterrains.

Je n'ai point ici la pensée de donner un cours complet de géologie. Je prétends seulement, tout en donnant une description très-générale des parties solides de la surface de la terre, indiquer quelles sont les qualités de terrains les plus propres à l'alimentation des eaux, et par conséquent, à la présence des sources. Pour rendre ce travail tout à la fois utile et facile, je suivrai autant que possible, le programme de l'enseignement de géologie, adopté dans l'instruction publique, en écartant ce qui n'entrerait pas dans la question d'hydroscopie, que j'ai seulement à traiter. En m'attachant à ce programme, plus d'un jeune homme laborieux qui l'a suivi dans ses études, et qui est aujourd'hui propriétaire, pourra trouver ici des renseignements qui seront d'un grand secours à l'amélioration de ses domaines.

Le premier fait géologique, qui, de tout temps, s'est offert aux observations de la science, c'est l'existence de deux grandes masses de terrains, les uns réguliers, les autres irréguliers. Les premières consistent en roches ou terrains de formation aqueuse ou sédimentaire, les autres sont des roches ou terrains ignés; d'où, deux sortes de terrains, les neptuniens et les plutoniens. Les premiers, réguliers, sont généralement formés de parties sablonceuses, cailloux roulés, roches anciennes et compactes, calcaires, argiles, grés ou poudingues, et fossiles. Les seconds, non-réguliers, sont des roches massives, à texture cristalline ou vitreuse. Ils traversent bien souvent les terrains réguliers, et se font toujours reconnaître par des masses jetées sans ordre, superposées les unes aux autres, ou gisant ça et là, sans formes déterminées.

La premiere de ces deux sortes de terrains prend aussi le nom de roches stratifiées, à cause de la régularité de ses couches symétriquement superposées. Elle a été formée par un travail lent et uniforme, lorsque les eaux qui couvraient primivement la surface du globe se sont desséchées. La deuxième, provenant de révolutions violentes, auxqu'elles le globe terrestre a été soumis en des temps différents, et en grande partie d'éruptions d'anciens volcans, ce qui les a fait nommer plutoniens, prend encore le nom, par opposition à la première, de terrains non stratifiés.

Nous nommions tantôt, parmi les terrains réguliers,

les grès et les calcaires, deux éléments des couches stratifiées, trop répandus, pour ne pas faire connaître ce qui les caractérise. Les calcaires, composés à peu près uniquement de carbonate de chaux, d'argile et de silice, sont des roches compactes, bien souvent très-dures, et donnant naissance au marbre. Leur couleur, principalement jaunâtre, présente des variations et des mélanges très-agréables à l'œil, surtout s'il est uni et poli. Le calcaire, formé d'un grain très-fin et très-serré, est appelé compacte ; formé de grains très-petits et fortement cimentés, il est appelé oolitique. Il est encore désigné par les noms de *siliceux*, *saccharoïde*, (marbre blanc statuaire) *coquillier*, et *marneux*, d'après certaines propriétés qui lui donnent de grands rapports avec les divers éléments exprimés par ces noms, ou selon que ces mêmes éléments entrent plus ou moins dans leur composition. On pourrait ajouter à cette rapide nomenclature, le *calcaire grossier*, qui produit le moellon employé dans la construction des maisons.

Les grés sont formés, en grande partie, de quartz, de granite, de porphyre, de feldspath et de mica, et contiennent, en certaines localités, du schiste bitumeux. Ils sont ordinairement rouges ou bigarrés. Leur stratification est moins symétrique que celle des calcaires. Quant au ciment qui agglutine leurs grains, ou l'on y voit dominer le quartz, et alors la roche est très-dure, ou c'est l'argile qui prédomine, et dans ce cas elle est très friable.

Les terrains non stratifiés sont sans cesse mêlés à la grande division des autres terrains. Mais oublions, un instant, ces descriptions géologiques, afin de nous attacher plus spécialement au phénomène des sources, après avoir reconnu les causes générales de tous les phénomènes terrestres. Ces causes sont tout simplement les agents qui modifient ou qui bouleversent la croûte terrestre ; elles agissent à la surface ou à l'intérieur de la terre. Les unes, extérieures, sont généralement l'air et l'eau, agissant tantôt séparément, tantôt ensemble. Les autres sont le plus souvent des émanations de vapeurs et de gaz, ou des embrasements qui donnent lieu à des éruptions ignées. Ces embrasements sont la cause principale d'une infinité de phénomènes, tels que dislocations, formations de fentes, de crevasses et d'abîmes, séparation violente des terrains stratifiés, etc. Les volcans en sont la manifestation extérieure la plus saisissante. C'est que, dès le commencement, la terre fut fluide, la science l'a suffisamment démontré. Elle fut également très-chaude, et même sa chaleur augmente encore considérablement dans la direction du centre. De là, l'incandescence des matières vomies par les volcans, et surtout de celles qui sont plus rapprochées du foyer central. C'est cette chaleur, pour ne faire ici que citer le manuel de MM. Saigey, Sonnet, etc., qui « fournit l'explication la plus probable des sources chaudes et minérales, qu'on observe dans les pays volcaniques, et dans les régions de montagnes, rarement dans les grandes plaines, mais plus ordinairement dans les lieux où il y a eu anciennement des dislocations nombreuses, des soulèvements de roches massives. Elles proviennent sans doute de ces émanations gazeuses, qui s'échappent sans cesse des foyers volcaniques, comme d'un réservoir commun, et qui se font jour non seulement par les canaux qui aboutissent directement aux cratères de volcans, mais encore par des fentes latérales, qui les portent quelquefois à d'assez grandes distances des volcans actuels. Ces gaz, dans lesquels la vapeur d'eau abonde, en parcourant de longs canaux souterrains, se refroidissent en se rapprochant de la surface de la terre, et se transforment en sources liquides par leur condensation, ce qui est cause qu'ils nous arrivent le plus ordinairement sous cette forme. »

Indépendamment de cette particularité, propre aux eaux chaudes ou thermales, il me paraît opportun de revenir un instant sur ce que j'ai dit en commençant, sur la manière générale, dont se forment la plupart des sources, attendu que nous les étudions ici, dans leurs rapports avec les différentes sortes de terrains. Je me contenterai néanmoins, pour éviter les redites et les longueurs inutiles, de continuer la citation empruntée à l'excellent manuel. « Une autre classe de sources, dit-il, provient des eaux qui recouvrent la surface de la terre, et s'infiltrent dans le sol ; ce sont les sources ordinaires. On sait que diverses roches meubles (les sables par exemple), se laissent traverser par l'eau comme des cribles ; que d'autres sont pénétrées par ce liquide à raison de leur grande porosité ou des nombreuses fissures qui les sillonnent (la craie et plusieurs autres calcaires). Les eaux circulent donc dans l'intérieur de la terre, soit dans les interstices des roches, soit dans les fissures naturelles qui séparent leurs couches, soit même dans les canaux qu'elles se sont creusés et où elles coulent librement, après s'être substituées à des parties sableuses ou calcaires qu'elles ont entrainées ou dissoutes. Si les couches perméables qui leur donnent ainsi passage sont contenues entre des couches imperméables, (telles que des dépôts d'argile), celles-ci retenant les eaux, il se forme alors des nappes liquides d'une étendue plus ou moins considérable qui suivent toutes les inflexions des couches, et qui se composent, les unes d'eaux stagnantes, et les autres d'eaux courantes. Et comme il peut se rencontrer à plusieurs étages de ces alternances de couches perméables et imperméables, il peut y avoir dans un même lieu des nappes à différentes profondeurs; et l'on conçoit qu'en général il y aura autant de nappes liquides que de couches poreuses reposant sur des couches imperméables. On sait que les couches n'ont presque jamais une position horizontale dans toute leur étendue, mais qu'elles forment en général des bassins géologiques vers les bords des quels elles se redressent; aussi les voit-on se montrer à nu par leurs tranches sur le penchant des collines ou dans les plaines plus élevées que celles où elles se présentent horizontales. Les nappes d'eau qui les accompagnent, et qui ont quelquefois plus de vingt à trente lieues de longueur, se relèvent donc aussi en même temps que les couches; et c'est même dans les parties les plus élevées qu'est leur origine, là, où les deux terrains, le perméable et l'imperméable, viennent affleurer à la superficie du sol. A cette ligne d'intersection des couches avec la surface terrestre a lieu l'absorption des eaux qui alimentent les nappes souterraines, et qui ont souvent pour réservoirs les lacs et les rivières. Lorsque ces nappes, après être descendues plus ou moins profondément dans le sol, se relèvent de nouveau du côté opposé à leur point de départ, si elles rencontrent là, une nouvelle issue à un niveau moins élevé que le point d'où elles sont parties, elles donnent naissance à une source ou fontaine naturelle. »

On voit surtout, comme nous l'avons déjà dit, que la plupart des sources proviennent des eaux répandues par les pluies sur la surface du globe, qui est presque partout une couche de terre végétale ou terre arable très-perméable.

De quoi en effet se forme cette couche supérieure ? De limons diluviens, abondamment répandus dans les plaines et plus encore dans les bas-fonds, ou de débris de roches, soit qu'elles aient été décomposées par l'action de l'atmosphère, soit qu'elles aient été triturées et en quelque sorte démolies et pulvérisées par l'action lente d'agents actifs, qui étaient entrés dans leur formation, ou qui sont apportés à leur surface par les pertubations de l'air. Les eaux et les vents finissent toujours par entraîner ces détritus dans les plaines et dans les vallées, les distribuant, tantôt d'une manière régulière et par couches d'égale épaisseur, tantôt en monceaux irréguliers, qui servent plus d'une fois, par un transport de main-d'œuvre, à féconder d'autres terrains où on les divise dans certaines proportions. La couche supérieure du sol, lorsqu'elle possède la propriété des terrains végétaux, n'est ainsi bien souvent qu'une grande quantité de détritus formés de matières minérales, ou autres analogues. De là, cette perméabilité favorable à l'infiltration de toute humeur aqueuse.

Mais il est ici important d'entrer dans quelques détails sur les trois principaux terrains de sédiment, dans leur rapport avec la présence des eaux. Par ces terrains, il faut entendre des terrains de formation lente et régulière, désignant, par chacune de leurs couches, une époque géologique, et dans les quels l'élément sédimentaire se trouve souvent combiné avec l'élément volcanique.

Les premiers terrains de sédiment, appelés aussi *terrains de transition*, sont supportés par de grandes masses granitiques. Cette première sorte de terrains est très-peu favorable aux sources, lorsqu'elle n'est pas recouverte de détritus ou autres terrains perméables, comme lorsque les granits ou autres roches qui les composent en grande partie, ne sont point séparés ou brisés verticalement par de nombreuses fissures. Si au contraire elle réalise cette double condition, on peut être assuré qu'elle renferme un grand nombre de filets d'eau, quelquefois bien petits, mais pouvant, par leur réunion, donner lieu à des fontaines abondantes. Ces sources seront plus fréquentes et plus volumineuses au fond des vallons, et même au flanc des montagnes surmontées de plateaux considérables, à terres perméables, surtout si ces montagnes sont sillonnées par des plis anguleux et rentrants. Quant aux terrains de forme cristalline, qui se trouvent fréquemment intercalés à ces terrains primitifs, ce qui a fait donner à ceux-ci le nom de terrains de transition, comme nous les avons déjà appelés, ils donnent place, à cause de leur perméabilité, à des eaux souvent abondantes, qui s'écoulent dans les fissures des roches dures placées dessous, et qui suivent toute couche penchée qui les reçoit au sortir de ces fissures, à l'extrémité des quelles il n'est pas rare de les voir se réunir en petites rivières.

Trois classes de terrains se partagent les sédiments

anciens; ce sont le cumbrien, le silurien et le dévonien, qui contiennent grand nombre de fossiles. Viennent ensuite les carbonifères, formés en grande partie, de calcaires noirs et friables, et contenant une grande quantité d'éléments métalliques et de terrains houillers, dont les uns sont déterminés en bassins circonscrits, contigus ou séparés, ou en longues bandes formées de calcaires carbonifères. La houille, formée par des végétaux, résultat d'un sol aqueux, permet facilement la circulation des eaux, et c'est pourquoi on la voit bien souvent s'affaisser ou se séparer. Vient enfin le terrain permien, particulièrement schisteux, que l'industrie moderne utilise si avantageusement, par la distillation des huiles schisteuses, et dans l'exploitation des quelles un de nos départements méridionaux, celui des Basses-Alpes, pourrait arriver aux résultats les plus féconds, sans parler des terrains carbonifères, répandus en très-grande quantité dans l'arrondissement de Forcalquier, et malheureusement trop peu étudiés. Une ligne de chemin de fer allant d'Aix ou d'Avignon à Manosque, et de cette dernière ville, à Forcalquier, par les lits du Largue et de la Laye, et par le vallon de Notre-Dame de Fougères, se prolongerait facilement par le val de Charus, jusqu'à Lurs, pour se relier au lit de la Durance et aller ensuite à Turin, avec embranchement sur Digne, après avoir traversé les principaux terrains carbonifères et houillers. Un dépôt de schistes et de charbons établi à Forcalquier, centre et chef-lieu de l'arrondissement, alimenterait plusieurs lignes de la voie ferrée, ferait naître d'un pays riche par son fond, mais timidement exploité jusqu'ici, une infinité d'usines qui fourniraient à l'industrie des ressources inappréciables, et à une contrée laborieuse, une fortune bien méritée. Telle était la pensée d'un ancien ministre, qui avait conçu le projet, et préparé des travaux d'études, pour un tracé de la voie ferrée, à travers les Basses-Alpes, se proposant ainsi de rendre à son département et à tout le midi de la France, un service dont les conséquences heureuses auraient été incalculables, soit par l'usage du chemin de fer, soit par l'exploitation des terrains carbonifères et houillers. Plusieurs hommes éminents de Forcalquier, pleins de bonne volonté et de courage, et distingués par l'étendue et la variété de leurs connaissances scientifiques, agricoles ou industrielles, ont mis résolument plus d'une fois la main à l'œuvre. Me serait-il permis d'émettre ici un vœu, celui de les voir activement secondés, soit par des concessions qui leur garantiraient des résultats prochains ou éloignés, soit par tout autre avantage qui fut de nature à leur faciliter un succès, tôt ou tard certain. Il n'y a nul doute aussi que les fouilles, exécutées dans le but des exploitations houillères et carbonifères, n'amenassent des courants d'eau qui pourraient être utilement employés. Je me suis convaincu, par moi-même, et en plusieurs circonstances, que la plupart des quartiers dont je viens de parler, sont parcourus par des eaux souterraines très-abondantes. (*)

(*) Nous avions écrit ces lignes, lorsque nous avons appris que la concession des mines dont il est question, a été gracieusement accordée; et nous sommes heureux d'avoir pu prendre nous même une part active aux démarches qui l'ont provoquée.

La construction de la voie ferrée est aussi décidée. Reste à savoir d'une manière définitive quelle direction lui sera donnée, au sortir de Manosque. Si la ligne par Forcalquier parait un peu difficile, nous espérons néanmoins que rien ne sera négligé pour les intérêts d'un arrondissement qui peut devenir si utile par sa position

Arrivent les terrains de sédiment moyen, dits aussi terrains secondaires. Cette deuxième classe est la plus abondante en courants souterrains, qui y sont quelquefois très-profonds. Il arrive néanmoins assez souvent que, retenus par une barrière qui les comprime et les fait remonter, ou secondés par une pente rapide, ils se font jour sur le penchant d'une colline après avoir atteint le sommet de l'obstacle, ou se révèlent dans le pli profond d'une vallée, en eaux limpides et très-fraîches, de manière à donner lieu à un cours extérieur qui va grossir la rivière la plus rapprochée, ou arroser quelque large plaine.

Il est toutefois très-important de remarquer que les terrains de sédiment moyen, à cause de leur grande variété, ne sont pas tous également propices à l'alimentation des sources. Quelques-uns même leur sont incompatibles.

Le *Trias*, les terrains *jurassiques* et les *crétacés* composent le sédiment moyen. C'est dans le Trias que l'on voit dominer le sel gemme. Les deux autres sont assez caractérisés par les noms qu'ils ont reçus. Les terrains jurassiques, très-favorables aux sources, se divisent en quatre grands groupes, celui du lias, et trois autres de formation oolithique.

Les terrains de sédiment supérieur, appelés aussi terrains tertiaires, sont plus limités, et offrent des masses plus étroites. Ils sont, par conséquent, moins favorables aux sources.

Mais pour savoir en quoi les différents terrains jouissent plus ou moins de la propriété d'alimenter les courants d'eau, il suffit de les diviser en quelques catégories bien simples qui seront les terrains calcaires, argileux, crétacés et marneux, le tuf, la molasse, et enfin les terrains coquilliers.

Les terrains calcaires, à cause des grandes cavernes aux quelles ils donnent lieu, ou des petits creux très-nombreux, dont les roches qui le composent sont traversées, sont peu favorables aux sources. On ne pourrait être assuré d'en trouver dans ces sortes de terrains, que dans le cas où ils seraient supportés en couches minces, par des terrains imperméables.

L'argile est une sorte de terrain gras, le plus répandu dans l'écorce terrestre. Tantôt superficielle, tantôt intérieure, elle sert ordinairement de base aux différentes couches du globe, dont quelques-unes, brisées çà et là, lui sont intercalées. Ce n'est que dans cette dernière supposition, que l'on pourrait creuser une source, avec quelque succès, dans ce terrain, qui ne permet pas l'écoulement des eaux, lorsqu'il est aggloméré en masses épaisses et compactes.

Le terrain crétacé, sorte de calcaire coquillier, tantôt dur, tantôt friable, assez généralement stratifié, est encore peu favorable aux sources, que l'on n'y rencontrerait qu'à une profondeur considérable, aux assises qui le supportent en masses souvent gitantesques.

Le terrain marneux étant un composé de terrains peu favorables aux sources, la conclusion à en tirer serait toute naturelle, s'il se présentait comme ceux qui le forment souvent en masses profondes. Mais comme on le voit quelquefois en couches stratifiées et assez minces, on peut facilement y rencontrer des sources, si à cette première condition se trouve réunie celle qui le ferait reposer sur un autre terrain dur et apte à retenir les eaux.

La molasse étant un terrain détritique, dénote assez ordinairement la présence de filets d'eau. Mais le terrain tout à la fois le plus favorable aux sources, et qui les met le mieux à jour, c'est, sans contredit, le tuf qui n'est lui-même formé que par des eaux qui déposent dans leur cours, les détritus dont elles sont chargées. Quoique ce terrain soit, sous ce rapport, un des plus caractéristiques, je n'en ferai pas une plus longue description. Il est généralement assez fréquent et assez connu, pour qu'il ne soit pas nécessaire d'en indiquer tous les signes particuliers.

Viennent enfin les terrains coquilliers. Ils sont faciles à reconnaître, à la nature des coquillages qu'ils contiennent, et il suffit de dire, qu'ils sont favorables à l'alimentation des eaux.

Nous terminerons cette nomenclature des terrains favorables ou défavorables aux sources par une nouvelle citation de l'Encyclopédie : « Un terrain de craie fournit peu d'eau et mauvaise. Dans le sable mouvant, on n'en trouve qu'en petite quantité. Dans la terre noire, solide, non spongieuse, elle est plus abondante. Les terres sabloneuses donnent de bonnes eaux et peu abondantes dans la terre rouge. Pour connaître la nature intérieure du terrain, on se sert de tarières. Si sous des couches de terre, de sable ou de gravier, on apercoit un lit d'argile, de marne, de terre franche et compacte, on rencontre bientôt et infailliblement une source ou des filets d'eau. »

A la classification des terrains de sédiment, se trouvent mêlés, dans toutes les contrées du globe, sous des formes infiniment variées, les terrains diluviens, et ceux provenant d'alluvions quotidiennes. Ceux-ci ne présentent que de petites masses répandues çà et là, résultat de légères perturbations locales, ou constituent une partie du terrain superficiel, végétal et arable. Ces perturbations locales peuvent bien modifier les cours d'eau qui rencontrent, dans ces masses irrégulières, tantôt un obstacle à leur libre écoulement, tantôt un moyen de se précipiter avec plus ou moins de rapidité à travers des ouvertures latérales, avec les quelles leur regonflement les a mises en communication. Mais elles ne sont jamais un obstacle réel à un cours général, provenant d'une source considérable et continue. Il suffit, et il est nécessaire, tout-à-la fois, que l'observateur les prenne en considération, et en observe sérieusement la nature, pour s'assurer jusqu'à quel point elles modifient, en l'obstruant ou en la déviant, la pente naturelle de l'eau. Ainsi, tandis qu'un terrain perméable ou une roche poreuse interposés ne changement presque rien à cette pente, un terrain imperméable ou des roches à grains serrés la modifieront plus ou moins, selon qu'ils seront interposés en masses plus ou moins étendues.

Quand aux premiers, c'est-à-dire aux terrains proprement diluviens, ce sont eux qui ont été transportés et déposés sans ordre et sans formes déterminées par les eaux de la mer, après la dernière révolution du globe. Rien de moins étonnant que ces dépôts dès qu'on les considère comme le résultat des eaux se retirant précipitamment par les lits des vallées. La perturbation diluvienne a même entraîné dans le creux d'une infinité de cavernes, grand nombre d'animaux, ainsi que des roches dont les ossements caverneux ne présentent aucun analogue. En un mot, rien de plus singulier que cet ensemble et cette variété de phénomènes, qui sont offerts à la science géologique comme des monuments de la plus grande perturbation soudaine qui ait bouleversé la surface du globe. Mais en même temps, rien de plus naturel et de plus facile à expliquer, quand on remonte à la cause universelle qui les a produits.

Rien aussi de plus contraire à l'ordre et à la régularité des stratifications géologiques, rien de plus opposé au phénomène général d'unité et d'ensemble qui résulte de l'harmonie merveilleuse à laquelle sont soumis tous les éléments de la nature. Par conséquent, rien de plus nuisible à ces cours d'eau souterrains que la Providence avait dû disposer à travers les couches régulières du globe, comme l'un des agents les plus actifs de formation et de conservation, soit pour la combinaison et le mélange des différents terrains, soit pour la production et la nutrition des végétaux, soit enfin pour préserver la surface du sol des brûlantes émanations que la chaleur terrestre lui envoie continuellement.

Il ne faudrait pas en conclure néanmoins, que ces terrains informes soient toujours défavorables à l'alimentation des sources. Que le produit des volcans, comme les cendres et les coulées, soit de cette nature, on le conçoit aisément; qne certains affaissements, ou glissements considérables de terrains, en obstruent ou en dévient le cours, cela se comprend encore. Mais que quelques terrains diluviens placés dans les conditions favorables de perméabilité, de juxta-position aisée et de moyenne épaisseur, nuisent à la présence des eaux, c'est chose contraire au plus simple raisonnement et à l'expérience. En effet, avec les conditions déjà expliquées, rien de plus naturel que ces terrains les laissent filtrer et descendre, sans les dévier au moins considérablement, jusqu'au terrain qui leur sert de base et qui les gardera nécessairement s'il est imperméable, ou, tout au plus, les laissera couler dans le sens normal de son inclinaison. C'est pourquoi l'on a souvent remarqué que sous les terrains diluviens se trouvent des eaux abondantes, quelques fois agglomérées en vaste bassins, et qu'il est rarement difficile de mettre au jour, quand on s'est assuré de leur direction, si elles suivent une pente quelconque, ou au moins du lieu précis qu'elles occupent, si elles sont en état de stagnation.

Pour compléter ces notions générales, je les termine par un tableau synoptique du système géologique, au moyen duquel, il sera facile, avec les données qui précèdent, de se rappeler, sans efforts, les terrains qui sont plus ou moins propres à l'indication des sources.

Division générale du système géologique dans ses rapports avec les sources.

1° TERRAINS DE TRANSITION.

Ils sont favorables aux sources dans 3 conditions : s'ils sont surmontés de terrains perméables, s'ils sont traversés par des fissures, si des terrains de forme cristalline leur sont intercalés. Le carbonifère houiller est, sous ces di- divers rapports, d'un immense avantage.

- Cumbrien.
- Silurien.
- Dévonien.
- Carbonifères.
  - Calcaire marin. — Bassins circoncrits
  - Terrain houiller. — Plages marines.

Quelquefois les terrains houillers sont surmontés d'argiles schisteuses et de grés ordinairement grisâtre ou jaunâtre.

- Permien.

2° SÉDIMENT MOYEN OU Terrains secondaires

Quelques-uns de ces terrains, sont des plus favorables aux sources et même à de grands cours d'eau ou à des masses stagnantes.

(Voir pour les détails, la page 40.)

Grès bigarrés, argiles salifères, marnes...., craie.

- 1° Trias (Salifère)
  - Grès bigarré.
  - Calcaire conchylien,
  - Marnes irrisées.
- 2° Jurasique. (Argiles ou marnes calcaires oolithiques et pisolithiques.)
  - Lias.
  - Oolithique inférieur.
  - Oolithique moyen.
  - Oolithique supérieur.
- 3° Terrains crétacés.
  - Inférieurs
    - Néocomiens.
    - Terrains du grés vert.
  - Supérieurs
    - Craie blanche.
    - Craie de Maestricht

3° SÉDIMENT SUPÉRIEUR OU TERRAIN TERTIAIRE

Plusieurs quartiers, caractérisés par cette sorte de terrains, sont tout-à-fait impropres à la conservation ou au passage des eaux, tandis que par leurs combinaisons, ils peuvent souvent être favorables.

- 1° Système Inférieur.
  - Groupe du calcaire grossier.
  - Groupes des marnes.
- 2° Système Moyen.
  - Sables, grès marins de Fontainebleau
  - Calcaire d'eau douce de la Beauce.
  - Molasse du Midi.
  - Faluns de la Tourraine.
- 3° Système supérieur.
  - Alluvions de la Bresse.
  - Sables des Landes.
  - Marnes bleues des Apennins.

V.

Du magnétisme organique appliqué à la découverte des sources. Principes généraux.

Nous voici arrivés à la question la plus difficile et la plus délicate, pour ne pas dire la plus compromettante, en apparence du moins, de ce court exposé. Avancer le mot de magnétisme et prétendre affirmer les résultats de cette science, lorsque les données géologiques paraissent si fécondes, et lorsque le principe magnétique est en lui-même si obscur, n'est-ce pas renverser d'une main ce que l'on a essayé d'édifier de l'autre? Je comprends qu'il y a quelque courage à avancer certaines choses, que la science n'a pas encore suffisamment élaborées, lorsque l'on vise cependant à des résultats des plus pratiques. Mais combien de fois n'a-t-on pas vu réaliser ce célèbre proverbe qui répond par des faits, là ou la démonstration par principes n'a pu encore trouver sa place :

Expérience passe science. C'est effectivement en présence de faits authentiques et d'une expérience bien souvent répétée, que je me décide à indiquer, parmi les moyens propres à la découverte des sources, le procédé magnétique, qui, par une série de succès incontestables, m'a conduit à une conviction solidement établie.

Cette conviction, je suis loin de vouloir l'imposer à qui que ce soit; ce serait d'ailleurs le meilleur moyen de ne lui attirer qu'un petit nombre d'adhésions. Aussi par l'indifférence où je me suis constamment tenu, à ce sujet, j'ai toujours rencontré, quand j'ai eu occasion d'exposer ou de vérifier mon procédé, deux classes de témoins; les uns adhérant sans difficulté à mes idées et à ma méthode, les autres opposant une résistance, du moins intérieure, qui ressemble à une sorte d'incrédulité contre tout ce qui paraît tenir du merveilleux. Ceux-ci, comme les premiers, m'ont toujours été très agréables et même favorables, car chaque fois que j'ai eu occasion d'opérer en leur présence, ils ont presque tous fini par admettre la vérité de la base magnétique sur laquelle je fais reposer bon nombre de mes expériences.

Quelques hydrographes modernes ont condamné, d'une manière absolue et impitoyable, les données magnétiques, pour la découverte des sources, les regardant comme des procédés vulgaires, indignes de la science, et les prenant plutôt pour des expédients plus propres à amuser la crédulité populaire, qu'à emmener rien d'exact et de positif. Je ne me propose point de les réfuter ici. Il me suffit de dire, avec le bon sens commun, qu'il est toujours un peu hardi et très-imprudent de nier ce que l'on ignore ou ce que l'on n'éprouve point peronnellement. En pareille occurrence, on suspend au moins son jugement, et, si l'on ne peut pas vérifier soi-même, on attend quelque circonstance, qui soit de nature à éclairer.

Je suis loin, sans doute, d'approuver la plupart de ces hydroscopes qui, armés de la terrible baguette de coudrier ou de tout autre instrument analogue, s'en vont çà et là, indiquant bien souvent, à l'aventure, une infinité de sources, que l'on n'a jamais pu trouver ; mais de là à les condamner tous sans pitié aucune, il y a loin. Il y aurait même injustice ; et si je parle de circonstances favorables à attendre, avant de se prononcer négativement sur une pareille question, c'est que je suis à mesure d'en fournir quelques-unes ; et j'espère à leur aide, modifier en quelque chose, l'opinion trop absolue des observateurs a parti pris.

Que mes lecteurs bienveillants veuillent me permettre auparavant une réflexion, qui me paraît devoir me donner quelque autorité en la question que je traite, auprès même des hydroscopes purement géologues. Je ne veux pas encore parler de faits, ni des succès que j'ai obtenus par le moyen du procédé magnétique. C'est pourtant un argument qui a bien sa valeur, et je le donnerai à son tour. Pour le moment, je n'ai, dis-je, qu'une réflexion à faire, ce sera si l'on veut, une simple question à proposer ; la voici. S'il se rencontre un explorateur sérieux et de bonne foi, fort de ses études spéciales et de son expérience, qui, fréquemment et presque à coup sûr, trouve les sources par le moyen des données géologiques, combinées avec les données magnétiques ; si en outre de cela, il donne toujours la préférence, dans ses indications,

4.

à ce qui lui est démontré le plus vraisemblable et le plus rationnel, soit par la science, soit par l'expérience ; quelle conclusion faudra-t-il tirer de ses connaissances et de la propriété spéciale dont il se reconnaît doué? Pour moi, j'en tire deux. La première, que l'on peut, généralement parlant, s'en rapporter à ses indications ; la deuxième, qu'il a un avantage marqué sur les hydroscopes qui n'emploient que l'un ou l'autre des deux procédés.

La première de ces deux conclusions est évidente par elle-même, et se justifie toute seule. Néanmoins, quelque confiance que l'on accorde à un hydroscope, quel que soit d'ailleurs son système, personne n'a jamais eu la pensée de le croire d'une infaillibilité absolue. Il exigerait lui-même beaucoup trop de ses adhérents, s'il leur demandait une pareille foi. Quel indicateur de cours d'eau souterrains peut répondre du succès de toutes ses indications? Les plus parfaites connaissances géologiques, les expériences les plus nombreuses et les plus variées, ne pourraient jamais le conduire lui-même à une certitude tellement ferme, qu'il pût se dire, chaque fois, qu'il est complètement sûr du succès. Il en est du genre d'études et des expériences dont nous parlons, comme de toutes ces sciences, qui ayant un objet certain, mais, en même temps, des principes dont l'application est soumise à une infinité de causes secondaires inconnues, ne peuvent répondre des résultats demandés, que par une affirmation de plus ou moins grande probabilité ; de très-grande probabilité si l'on veut, ainsi que peut le faire un hydroscope exercé, mais jamais avec l'infaillibilité d'une certitude absolue. C'est ainsi, que, sur cent sources que j'aurai indiquées, je n'oserai répondre avec confiance, que de 90 environ. Et cela, après avoir examiné sérieusement le terrain où je dois chercher des eaux, et avoir opéré avec tout le soin que demande une responsabilité pareille à celle d'un homme assez consciencieux, pour ne point conseiller à un propriétaire d'entreprendre des travaux quelquefois bien dispendieux. Peut-on exiger un résultat plus satisfaisant ?

De cette façon, toujours très-satisfait, lorsque j'apprends que mes indications ont porté juste, je ne serais point pour cela étonné, si quelques fois j'apprenais le contraire. Je me fais même un devoir, lorsque j'ai donné une indication, de demander qu'on me fasse toujours connaître le résultat, quel qu'il soit, avec les circonstances principales, propices ou défavorables, qui seraient intervenues dans l'exécution des travaux.

La seconde conclusion que j'ai également énoncée, à savoir que l'explorateur qui emploie les deux procédés, a un avantage marqué sur les hydroscopes qui n'emploient que l'un ou l'autre, est aussi certaine que la première. Et cela, pour la raison toute simple, que les données géologiques lui fournissent les renseignements dont profitent les uns, tandis que les données magnétiques lui donnent encore tous les avantages propres aux autres. Ajoutons y encore l'avantage inappréciable fourni par les deux systèmes combinés ; et l'on verra que dans une infinité de cas, l'un suppléera inévitablement à ce que l'autre n'indique pas. Les bouleversements de terrains, soit à la surface, soit à l'intérieur, ne sont pas rares, chacun le sait ; on n'a d'ailleurs qu'à revenir à notre précédent exposé géologique pour s'en convaincre. Il suit de ces bouleversements, que la déviation des eaux est très-fréquente, et que rarement elles suivent un lit parfaitement régulier. La difficulté est alors toute entière à fixer le point précis où passe l'eau, ou bien encore le lieu où elle est plus abondante, si elle traverse les terrains en nappes étendues. Dans ces deux particularités comme dans une infinité d'autres qu'il est inutile de développer ici, le procédé magnétique m'a toujours servi avec une étonnante précision.

Pour aller plus droit à notre but, nous dirons d'abord quelques mots seulement sur le magnétisme en général, et nous expliquerons, après, plus particulièrement, ce qu'il faut entendre par le genre de magnétisme dont nous voulons parler ici. Nous exposerons ensuite le procédé magnétique, que nous employons simultanément avec le procédé géologique pour indiquer les eaux.

Le magnétisme, pris dans son acception la plus générale, est une science occulte d'où résultent des conséquences et des effets tellement étonnants, qu'on n'a jamais pu en déterminer le véritable principe. Ce n'est évidemment point le magnétisme ainsi compris qui nous occupe. Celui-là, les théologiens l'ont bien souvent discuté, sans rien définir de précis, et il n'entre nullement en notre pensée de traiter une question tout aussi féconde en différents ordres de résultats, qu'obscure dans son point de départ. Nous n'avons donc point à parler de somnambulisme ou sommeil magnétique, d'intention soit médiate soit immédiate, des opérateurs et des sujets, de relations rapprochées ou éloignées avec différentes personnes ou divers objets inanimés et insensibles, ni des moyens employés pour retirer ou remmener la sensibilité. Nous dirons en parlant de cette première sorte de magnétisme, que, bien qu'employé très utilement en beaucoup de circonstances, il offre de graves dangers pour la moralité et pour la santé, si on l'emploie sans une grande prudence et sans discernement. Mais il est un autre magnétisme, mieux connu, plus étudié, et, l'on pourrait dire, plus palpable. C'est celui que la science a découvert dans les entrailles même de la terre et dans les divers éléments de la nature, soit organique soit inorganique. Le magnétisme organique est, sans doute, moins connu que le second. Celui-ci produit des phénomènes dont la plupart sont soumis à des principes, que l'expérience et la science ont déterminés et rigoureusement précisés ; l'autre est encore indéterminé et irrégulier, même dans ses phénomèmes les plus apparents. Sous ce rapport, il paraît se confondre avec le magnétisme général, mais on ne peut nier qu'il n'ait une grande analogie avec le magnétisme inorganique et purement physique, dont il n'est peut-être qu'une espèce, puisque les substances végétales et animales sont loin d'avoir rien d'incompatible avec l'élément magnétique qui agit sur les métaux, et qui exerce une action très directe et bien sensible sur le système nerveux des animaux. A défaut d'une infinité d'expériences, faites depuis Galvani et Volta, celle de la grenouille, imaginée par ces deux savants physiciens, suffirait pour le démontrer, soit que l'on admette avec le professeur de Pavie que les nerfs des animaux ne sont que de puissants conducteurs de l'électricité, soit que l'on dise, avec le professeur de Bologne, que les commotions des nerfs des animaux, dans les conditions voulues, sont produites par la présence d'un fluide magnétique animal. Il y aurait évidemment quelque témérité à ne pas admettre la théorie de Volta, qui est celle de toute la science moderne, mais on ne pourrait nier non plus, sans témérité, l'existence d'un fluide animal matériel, propre à produire des résultats nombreux et surprenants; c'est assez démontré par les expériences qui se renouvellent chaque jour, et que la médecine la plus convenable et la plus consciencieuse, ne dédaigne pas de mêler à ses consultations.

Mais laissons, en cela, tout ce qui n'est que théorie; nous n'aurions sans doute fait avancer la science d'un seul pas, et peut-être même tomberions-nous, sans nous en douter, dans la question générale de magnétisme. Tout se touche dans les principes et dans les éléments d'une science aussi vaste; et l'on pourrait être tenté de voir, en elle, le principe moteur, auquel la toute puissance du Créateur aurait soumis les combinaisons et les mouvements relatifs du monde physique. Allons droit à la pratique, et contentons-nous d'énoncer, auparavant, trois faits éminemment constatés. Le premier est celui-ci, qu'il existe dans le globe terrestre, un agent caché, insaisissable, mais réel, qui produit toute la série des phénomènes, appelés phénomènes magnétiques terrestres. Le second sera cet autre, que les substances minérales ne sont pas les seules soumises à l'action de cet agent invisible, mais que d'autres substances, la substance animale, par exemple, la subissent sensiblement et manifestement. Le troisième enfin, qui complète et généralise les deux premiers, consiste en ce que l'existence de l'agent magnétique, fluide, ou principe providentiel de mouvement, est répandu dans toute la nature, et qu'il est bien loin d'avoir dit à la science son dernier mot. La plupart de nos connaissances, à ce sujet, sont dues à des auteurs contemporains, ou à d'autres peu éloignés de nous ; et si le monde a vécu bien des siècles avant de les posséder, qui nous a dit les nombreux trésors que la nature, interprète aveugle d'une providence pleine de sagesse, réserve aux générations à venir.

A la suite de ces faits, j'en vois un quatrième bien certain pour un très-grand nombre, bien caractérisé, et que personne n'oserait nier, du moins quant à son aspect général. C'est l'action que la présence des eaux exerce sur certains tempéraments. Cette action , je l'ai vue bien des fois , se manifester sur plusieurs personnes d'une manière fort singulière. Pour épargner à mes lecteurs le récit de toutes les circonstances où je me suis trouvé juge ou témoin à cet égard, je n'en raconterai qu'une seule, celle précisément qui m'a déterminé à me livrer, en cette question, à quelques études spéciales et sérieuses. J'avais environ dix-huit ans, je traversais à pied, avec quelques amis, agréables compagnons d'un intéressant voyage, un pont assez élevé au dessus des eaux d'une rivière. Penchés imprudemment sur un parapet très-utile à notre légèreté, et qui était plutôt un garde-fou de notre âge, nous mesurions du regard la profondeur du lit ; nous appliquions prétentieusement à la rapidité du courant, les principes récemment appris sur la nature des liquides, sur les forces de projection et de résistance, etc.; nous savourions surtout les parfums que deux rivages verdoyants et fleuris répandaient autour de notre jeunesse insouciante, en embaumant les airs, lorsque tout-à-coup, un bruit sinistre se fit entendre. Le rève allait faire place à la plus triste réalité, sans le secours du parapet qui servait d'appui et de protection à notre insouciance, pour ne pas dire à notre témérité. Un de nos compagnons, fort et intelligent, mais timide et tremblant en présence de l'eau, comme une feuille au vent, était resté de quelques pas en arrière, et venait de frapper violemment, en se laissant choir contre une barre du pont, et en poussant un cri. Peu s'en fallut qu'il ne disparut dans l'abîme. Dieu le sauvait ce jour là, pour l'enlever plus tard, et bien jeune encore, à ses amis, après une courte et cruelle maladie. Revenu bientôt à lui-même, il nous raconta qu'il ne pouvait jamais traverser une rivière, un lac, une masse d'eau quelconque, sans éprouver de forts vertiges, suivant toujours, malgré lui, l'action du courant, lorsqu'il était sur un pont, quand même il ne verrait point l'eau. La révélation, bien que provoquée par un malheureux accident, nous parut plaisante et curieuse.— Le jeune âge oublie bien vite le danger.— Et notre jeune ami, après nous avoir causé une juste frayeur, devint pour nous un objet d'expériences, je ne sais combien de fois répétées, et toujours nous conduisant au même résultat. En vain l'avons nous placé, un foulard sur les yeux et sur les oreilles, dans toutes les positions possibles; toujours nous le vîmes, après quelques pas incertains, suivre résolument et invinciblement la direction du courant, sans que par la vue ou par l'ouïe, il put la reconnaitre et s'en rendre compte.

La nature n'a pas donné à tous les hommes une pareille sensibilité, mais j'ai pu constater bien des fois, qu'un très-grand nombre en sont doués à des dégrés différents sans doute, mais de manière à pouvoir la développer très-sensiblement par l'habitude. C'est ainsi que j'ai pu arriver moi-même, à un degré de sensibilité telle, qu'il me suffit d'être en communication avec l'eau, par le moyen d'un bon conducteur, pour être influencé presque instantanément à un degré d'intensité très-marqué. Le conducteur, qui, jusqu'ici, me paraît le plus propre à servir d'intermédiaire, c'est la terre. Aussi, toute interruption considérable, entre l'eau et l'explorateur, m'a paru de nature à intercepter ou à modifier singulièrement l'action magnétique.

Le fait essentiel, base de toutes mes opérations magnético-hydroscopiques, étant ainsi établi, voici les principes où l'expérience m'a conduit. 1° Quand l'explorateur veut s'assurer de la présence d'une eau souterraine, c'est toujours l'eau la plus rapprochée du lieu où il se trouve qui l'influence, à moins qu'il n'y ait un peu plus loin, une source beaucoup plus considérable ; 2° toute eau qui est en avant de l'explorateur, détruit en tout ou partie, l'influence de celle qui serait en arrière, sauf une exception qui doit devenir elle-même un principe dans l'appréciation de la profondeur ; 3° la distance qui se trouve entre le bord de l'eau souterraine, courante ou nappe immobile, et le lieu où cesse toute influence, en marchant de manière à laisser la source derrière soi, égale la profondeur de cette source ; 4° la profondeur est encore déterminée par la distance de ce même lieu, au point où l'on a trouvé la source, si, partant de plus loin, on marche à reculons, jusqu'à ce que toute influence ait cessé ; 5° on connaît la quantité approximative par l'intensité de l'influence.

Toutefois ces divers principes rendraient peu sensibles les phénomènes auxquels ils donnent lieu, si ceux-ci n'étaient développés, de manière à ce que chacun d'eux soit mis en parallèle avec le principe qui lui correspond. C'est ce que je vais faire, après une observation qui m'est suggérée par le premier.

Il est établi, en effet, par le premier principe, que l'explorateur est influencé par l'eau la plus rapprochée de lui, à moins qu'il ne se trouve, un peu plus loin, une source beaucoup plus considérable. Ceci explique comment des explorateurs, d'ailleurs très-habiles, peuvent quelquefois se trouver en contradiction apparente dans leurs indications, les uns fixant une source là, où d'autres ne font que passer sans rien indiquer. Cette différence, loin d'être le résultat d'une erreur, n'est le plus souvent que l'effet du plus ou moins d'excitation dans l'appareil sensitif, provenant de l'habitude. Combien de fois, ne l'ai-je point vu ou expérimenté moi-même. Pour n'en citer qu'un fait, je dirai que quelques mois seulement se sont écoulés, au moment où j'écris ces lignes, depuis que j'ai été temoin dans la production d'un phénomène de ceux dont je parle. Je me trouvais en présence de deux explorateurs, dont la compétence et la bonne foi ne pouvaient m'être suspectes. L'un d'eux n'agissait en ses recherches, que par les données magnétiques, l'autre y joignait le procédé géologique, dont il appréciait toute l'importance. J'observai que, toujours d'accord, dans l'indication des grands courants, ils avaient toujours quelque variante dans les plus petits. La raison en était, en ce que le premier explorateur, moins exercé, et trop préoccupé de son art et de ses résultats, et opérant dans l'hésitation, s'arrêtait à chaque impression, tandis que le second, plus habitué, ne se prononçait qu'autant qu'il rencontrait une source assez importante, négligeant les suintements ou les écoulements qui lui paraissaient de nature à ne pas donner une eau suffisante ou de longue durée. Celui-ci néanmoins savait, au besoin, modérer les effets de sa sensibilité, pour déterminer la présence des plus petites sources, lorsqu'il croyait que leur réunion donnerait un résultat assez important. Evidemment, ce dernier avait un immense avantage, provenant en même temps de sa grande habitude, et de sa confiance aux données géologiques, double avantage, qui sera toujours, dans la pratique, d'une utilité inappréciable. Mais arrivons à l'application.

VI.

Application des principes précédents aux phénomènes qui en découlent.

Des principes précédents on conclut naturellement qu'il existe une condition préalable, nécessaire à toute opération magnético-hydroscopique, consistant dans un moyen propre a faire apprécier l'intensité et la direction de l'influence. En effet, quelle que soit la sensibilité organique, produite par la présence de l'eau, ou par tout autre agent ou principe excitateur, il est bien difficile, pour ne pas dire impossible, d'en déterminer la vraie mesure, la force, et surtout l'action impulsive et directrice, sans un instrument qui en rende visible les différentes conditions.

Divers hydroscopes se servent, pour déterminer le degré et la direction de l'influence à la quelle ils sont soumis, de divers instruments, d'ailleurs bien communs et bien vulgaires pour n'être pas faciles à employer. Un grand nombre se servent de la baguette fourchue en bois de coudrier. Si je ne m'étends pas sur la nature et sur les résultats de ce moyen, ce n'est point que je le désapprouve. Je le crois au contraire très-favorable dans certaines conditions ; mais l'ayant essayé moi-même, en maintes circonstances, je n'ai jamais pu la voir tourner dans mes mains ; ce n'est donc point mon instrument. D'autres emploient une petite bouteille de verre, remplie de mercure. Leur raisonnement a un côté vrai, mais en même temps un côté contesté. Le côté vrai est en ceci, qu'un corps du poids environ d'une balle à fusil, suspendu à un cordon et tenu en l'air par un explorateur influencé et faisant main morte, donne la direction et l'intensité de l'influence. Mais le côté contesté consiste en ce qu'ils prétendent que les influences magnétiques agissant dans un vase de mercure fermé, se combinent avec l'influence terrestre, et provoquent un mouvement dont la direction détermine celle des eaux, ou au moins leur présence.

Nous sommes loin de vouloir révoquer en doute un fait découvert par le célèbre physicien Savary, à savoir, que le mercure remplissant une boule de verre, s'il est mis en rotation en même temps que la boule et par la même impulsion, est soumis à certains effets magnétiques. Savary, dit M. Babinet, de l'Institut, dans la *Revue des deux-mondes*, (avril 1857), « avait imaginé d'enfermer du mercure dans l'intérieur d'une sphère de verre, et de voir s'il n'obtiendrait pas ainsi, par rotation, des courants analogues à ceux de la terre ». En effet, des résultats fort singuliers furent constatés. Mais de là, à transformer la nature des phénomènes, en confondant les effets physiologiques du magnétisme, avec les effets qu'il produit sur les substances inanimées, il y a une bien grande distance. C'est prendre ici l'effet pour la cause, et celle-là pour son effet. Il suffirait alors de suspendre la dite boule à un corps quelconque, et d'elle-même elle aurait la vertu de se mettre en mouvement, tandis que c'est le contraire qui arrive, puisque c'est la main qui, étant mise en mouvemeut par l'influence magnétique qui agit sur toute l'organisation, met elle même la boule en mouvement, quelle que soit la nature du cordon qui la suspend. Aussi, peu importe que cette boule soit métallique ou non, creuse et remplie de mercure, ou simplement homogène; elle ne se met jamais en mouvement que par l'impulsion de la main qui la tient suspendue, impulsion tout-à-fait involontaire, lorsque la main abandonnée à elle-même, se laisse aller nonchalamment à la direction magnétique. (Voir la fig. II, en la direction D.)

Je relèverai à ce propos, l'erreur de plusieurs personnes qui, voulant éprouver la bonne foi ou la vertu magnétique des explorateurs qu'ils voient opérer, voudraient leur tenir la main immobile ou leur lier le bras, pour s'assurer si le pendule prendrait de lui-même ou conserverait son mouvement. Nul doute, qu'en pareil cas, le pendule ne doive rester immobile, ou le devenir, s'il était déjà agité, puisque ce n'est point par lui-même qu'il se meut, mais par le mouvement involontaire de la main, mue elle-même par un effet de la sensibiité organique à laquelle tout le corps est alors soumis.

De cette sorte, le plomb suspendu sert uniquement à déterminer, soit le mouvement rectiligne de la main, par une ligne droite, soit son mouvement de rotation par une ligne circulaire. Mais ce plomb, nous l'avons déjà dit, peut être d'une matière quelconque, pourvu qu'il soit d'un poids suffisant, c'est-à-dire, ni trop lourd, ni trop léger, pour laisser au bras toute la spontanéité de ses mouvements. Un caillou, un fragment de métal, une boule de verre, une montre ou chose semblable, tout se meut également avec la main de l'explorateur exercé et étranger, au moment où il opère, à toute préoccupation trop forte.

Nous ferons encore observer ici, que toute préoccupation trop forte, étant de nature à modifier et même à altérer l'impression magnétique, les témoins doivent éviter de gêner l'explorateur, par des tentatives de surprise ou par des signes d'une méfiance malveillante. On doit rester de part et d'autre, dans la droiture de la sincérité, comme dans la libre, mais convenable expression de son sentiment et de ses impressions ; car ce qui sera sans nul effet contradictoire pour un explorateur, pourrait complètement annuler chez un autre, le résultat qu'il demande à sa sensibilité organique. Toutefois une grande habitude peut, seule, fixer, en ceci, l'explorateur dans une indifférence convenable et dans une indépendance absolue de toute impression étrangère.

J'arrive, après ces observations, à l'application des principes déjà établis. Le premier est celui-ci, que l'explorateur est ordinairement influencé par tout courant ou toute masse d'eau souterraine, la plus rapprochée de lui. Soit donc A, fig. I. le point où je me trouve placé, le pendule que je tiens suspendu à la main, prendra aussitôt, guidé par le mouvement de la main elle-même, une direction quelconque exprimée par A B. Avant de me baser sur cette direction, j'imprime volontairement une direction toute contraire au corps suspendu, puis, je l'abandonne de nouveau à la direction de l'influence non libre, opération que l'on peut répéter plusieurs fois. Peu à peu le corps et son cordon de suspension reprennent la direction A B, et la conservent invariablement. Sans nul doute, l'eau dont j'ai involontairement subi l'influence, se trouve sur la direction de la ligne A B. Me plaçant alors en A', de manière à avoir A' B' en face de moi, j'opère comme je l'ai déjà fait au point A, et j'obtiens la direction A' B'. L'eau se trouvant alors sur la direction A'B', comme elle s'est trouvée en A B, le point J, jonction des deux lignes, donne le lieu précis où la source doit être creusée. Je me transporte sur ce point, qu'il est facile de déterminer, si on a eu le soin de marquer deux lignes visuelles, par quatre objets représentant leurs quatre points extrêmes. Aussitôt le mouvement rectiligne est remplacé par un mouvement de rotation, qui est la preuve définitive de la place de l'eau et qui va ordinairement de gauche à droite, et horizontalement, au dessous de la main, comme à la dite figure II, en D. J'ai vu quelquefois le pendule changer brusquement de direction, et tourner de droite à gauche. Mais il est inutile de rien dire ici de ces différentes positions, ce phénomène ne me paraissant jusqu'ici avoir rien de commun avec la présence déterminée de l'eau, mais seulement avec les différences de terrains. D'autres fois aussi le cordon s'étend horizontalement vers D' ou s'élève en D''.

Le deuxième principe veut dire qu'il ne faut s'inquiéter que des influences provenant des eaux qui sont en avant de soi, sauf les cas énoncés aux principes suivants que nous allons expliquer.

Le troisième principe doit s'entendre dans l'application ainsi qu'il suit. Puisque le pendule tourne sur les points qui correspondent à la présence de l'eau, il est évident qu'il doit continuer son mouvement de rotation sur toute la surface du terrain qui correspond à l'étendue même de l'eau. De là, la facilité avec laquelle je puis suivre, par le seul mouvement de rotation, une eau courante, tant vers sa source principale, ce que j'ai fait en mainte occasion, que vers son bord d'écoulement, ce que j'ai encore expérimenté bien souvent. Pour la même raison, si l'eau s'étend en mare ou en nappe, je détermine rapidement son périmètre, pouvant aisément par le mouvement de rotation et le mouvement en direction rectiligne, connaitre les points précis où l'eau cesse de s'étendre. C'est même une condition essentielle à l'indication de la profondeur dont nous avons aussi à nous occuper.

Soit donc A, fig. III, le point marqué à la surface du terrain comme correspondant à un point intérieur du passage d'un courant C C', que j'ai trouvé, je marche lentement vers l'inconnu X, en laissant derrière moi le point A. Tandis que je marche, le pendule trace une ligne droite dans le sens de la ligne parcourue; mais arrivé en X, je vois tout-à-coup ma main et mon plomb devenir immobiles. A quoi faut-il attribuer ce nouveau phénomène? Je ne veux point en discuter la cause. Mais je puis affirmer que l'expérience la plus répétée et la plus sérieuse me mène constamment à ce résultat, qui est pour moi un fait inconstestable à savoir qu'il y a pour moi et pour mon instrument, immobilité complète. L'expérience, des milliers de fois répétée, m'a encore appris que la distance de A à X égale la profondeur cherchée. De même, si m'éloignant vers Y, je reviens, soit à reculons, soit en marchant normalement vers X, quel que soit dans le parcours le mouvement de la main et du plomb, aussitôt arrivé en X, le même phénomène d'immobilité se reproduit. C'est ce que j'ai voulu énoncer par le quatrième principe. Enfin, si voulant vérifier mon expérimention, je la répète dans le sens de A' X' Y', ou dans tout autre sens analogue, j'arrive toujours au même but, de manière à trouver constamment A X égalant A' X', c'est-à-dire ayant toujours trouvé, pour profondeur de l'eau, la même distance AX, à la surface du terrain.

Pouvant ainsi fixer les trois sommets d'un triangle rectangle isocèle visuel, dont l'angle droit sera (fig. IV) en A point correspondant à la présence de l'eau, et ayant un des deux angles aigus en X, point d'immobilité, et l'autre en E, point exact où se trouve l'eau, j'obtiens un triangle, dont E X, sera l'hypoténuse, tandis que les deux autres côtés A X et A E, opposés aux angles aigus, seront égaux. D'où, la distance A X prise sur le terrain, égalant la profondeur A E.

Le cinquième principe, à savoir que la quantité approximative d'eau, se connait par l'intensité de l'influence, est encore comme les quatre précédents, le résultat invincible d'une infinité d'observations et d'une expérience répétée dans tous les sens possibles.

Quant aux personnes qui liront ces pages, et qui auraient l'occasion de voir opérer un explorateur exercé, elles pourront être éclairées sur la vérité de ces divers principes, soit par les faits dont elles seraient témoins, soit par ceux que j'expose dans le paragraphe suivant. Ces derniers sont d'ailleurs accompagnés de circonstances trop graves, ou certifiés par des noms trop respectables, pour qu'ils ne produisent pas au moins une forte impression sur l'esprit de ceux qui les liront.

J'aurais pu donner plus de développements aux principes que je viens d'énoncer, et aux détails de leur application. Mais je l'avoue, je n'ai pas la prétention de faire un long ouvrage; je désire seulement faire connaître le peu que je sais, sur un art qui peut, en une infinité de circonstances, emmener des résultats d'un très-grand avantage, et exposer quelques idées que d'autres pourront déveloper plus savamment. Il serait d'ailleurs assez difficile et souvent impossible de prévoir, et de prétendre énumérer toutes les circonstances qui peuvent se présenter dans l'exploration la plus simple. A plus forte raison, je ne veux ni discuter les méthodes différentes de la mienne, ni défendre contre ses agresseurs, celle que je viens d'exposer. Il nous paraît plus convenable, plus conforme à l'interêt de la vérité, et toujours plus aisé de s'entendre, lorsque chacun dit simplement ce qu'il sait, sans chercher à

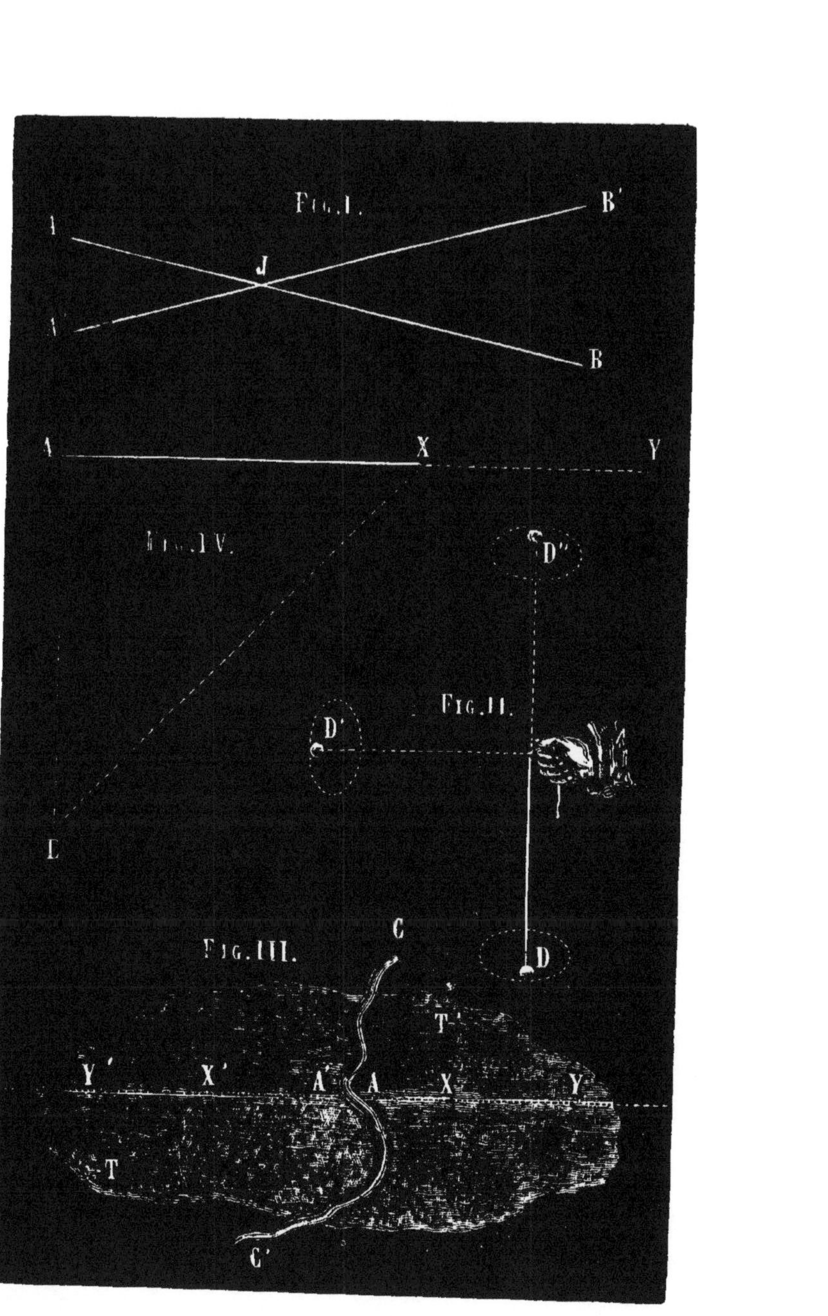

Fig. I.
B'
J
B
X
Y
Fig. IV.
D''
Fig. II.
D'
Fig. III.
C
D
T'
Y'
X'
A'
A
X
Y
T
C'

établir un systême sur les ruines de son voisin. Nous avons professé trop longtemps les lettres, les sciences et particulièrement la philosophie, soit dans des établissements ecclésiastiques, soit sur des chaires importantes de l'Université, pour n'avoir pas eu le temps de nous convaincre de cette vérité éminemment utile et morale. Il y aurait plus de vraie philosophie dans les livres et dans les esprits, si l'on s'en tenait généralement à la méthode d'exposition. Bien des écrivains qui défendent la religion, y gagneraient en bonne philosophie ce qu'ils perdraient en exagération ; bien des ecclectiques y trouveraient une occasion sûre d'apercevoir la religion sous son véritable point de vue, et de l'aimer en proportion de leur grand talent et de leur grand cœur. S'il est permis d'allier les grandes choses aux plus petites, c'est ce que nous avons voulu faire dans ce modeste travail : exposer et rien de plus. (Voir la Planche ci-jointe pour les explications précédentes.)

VII.

Quelques faits relatifs à la double méthode exposée dans les paragraphes suivants.

Après avoir établi en principe qu'il serait peu raisonnable d'admettre, comme infaillible, une méthode quelconque, pour arriver à la découverte des sources, science ou art, comme l'on voudra, et où l'explorateur peut être iuduit en erreur par une infinité de circonstances imprévues ou indépendantes de savolonté, j'ai osé affirmer que je puis répondre du succès de 90 indications environ sur 100. C'est beaucoup, il faut l'avouer; cependant loin de revenir sur cette assertion pour l'atténuer, je la répète, et les faits à l'appui, que je vais raconter, le constateront encore mieux que je ne pourrais le faire par une simple affirmation. Dans les choses d'expérience, on veut avant tout des faits, et on a raison. Or voici des faits. Je n'en citerai que quelques-uns, pour ne pas prolonger ce travail au delà des limites que je me suis tracées.

En 1844, je me trouvais, à Paris, dans une réunion d'environ dix ou douze personnes très-honorables. On vint à parler, je ne sais plus à quel propos, de l'art de découvrir des sources ; je me crus assez compétent pour dire mon opinion, et pour parler de ma facilité et de mon procédé, à ce sujet. L'étonnement ne fut pas petit, quand j'eus exposé quoique très-brièvement, mais d'un ton tout-à-fait convaincu, ce que je viens d'avancer dans cette brochure. La foi des uns excita leur curiosité, la résistance des autres leur inspira une proposition, pour ne pas dire un défi. Il fut convenu qu'à un jour fixé, tous ceux qui seraient libres, se rendraient à Meudon, en une maison de campagne située au dessous du château. Au jour dit, tout le monde, à peu près, fut de la partie. Je me laissai conduire au milieu d'un parc, où l'on me dit être une vaste citerne, recouverte d'une voûte et d'un terrain cultivé, de manière à ne pouvoir distinguer aucune indication extérieure ; il s'agissait de la trouver.

L'épreuve était rude, car une eau contenue dans un creux préparé pour la recevoir, exerce moins d'influence, je l'ai déjà dit, qu'une eau qui coule ou qui stagne dans les couches serrées des terrains. Cependant comme l'on m'assura que la surface de l'eau contenue en la citerne, atteignait presque les parois de la voûte, je tentai l'expérience, après m'être assuré que chacun la prenait au sérieux, persuadé d'ailleurs, que la bienveillance de tous m'était acquise, quel que dût être le résultat. Je n'avais pas mis encore cinq minutes à opérer, lorsque je pus affirmer que j'étais sur une masse d'eau considérable et peu profonde. Quelques uns des spectateurs, qui connaissaient le lieu de la source, s'écrièrent plus qu'étonnés : c'est bien cela. Je voulus essayer, en pousant plus loin l'expérience, d'éloigner toute idée de hazard de l'esprit de ceux qui auraient pu se croire autorisés à voir là un fait tout fortuit ; j'en vins à bout je crois, et en fort peu de temps. Voulez-vous, dis-je à tous les témoins de la découverte, que je vous trace sur le terrain, le périmètre de la citerne? Je m'avançais sans doute un peu, mais la proposition n'en fut pas moins acceptée à l'unanimité. Il devait en être ainsi. Trois ou quatre minutes s'étaient à peine écoulées, et déjà le périmètre était tracé sur le terrain cultivé, conformément à tous les contours du bassin. Il ne me restait qu'à donner une dernière preuve de la vérité des principes que j'avais avancés en présence d'une réunion aussi intelligente qu'elle fut bienveillante. Pour cela, je m'engageai par une troisième proposition, qui fut encore acceptée, à indiquer aussitôt le point précis par lequel s'écoulait le surplus de l'eau et celui par lequel elle alimentait la citerne. Les deux expériences réussirent comme les précédentes. Enfin, le propriétaire m'ayant dit que la source, d'où l'eau arrivait au lieu que je venais d'indiquer avec tant de précision, n'était pas éloignée, je voulus pousser l'épreuve jusqu'au bout. Toutes les apparences extérieures furent d'abord contre l'opinion que je me faisais sur la direction du courant. Néanmoins, confiant en la méthode que j'avais adoptée, et en laquelle je n'ai rien changé depuis, si ce n'est en la développant, sans jamais y rien introduire de contradictoire à mes premières données, j'entrepris et je continuai courageusement cette dernière opération. Le plus grand obstacle que je rencontrai, presque dès mon départ, fut une haute et puissante muraille dans les fondations de laquelle je devais peu me douter, que passât la conduite de l'eau. Mais guidé par mon premier coup d'œil, et par l'influence à laquelle je m'étais abandonné, je tournai le grand mur, lequel soutient un vaste terrassement, et m'étant placé au-dessus, au lieu correspondant à mon point d'arrêt, vers sa base, je continuai à opérer.

Bientôt un autre obstacle se présenta. Un large et vieux peuplier semblait s'opposer à ma marche, et me dire, en me résistant presque en pleine poitrine : tu n'iras pas plus loin. Supposer que la conduite souterraine passait à travers les racines de cet arbre presque séculaire, était chose hardie et peut-être imprudente, mais l'épreuve était trop importante pour mes données personnelles et pour le résultat expérimental que j'avais à en retirer. Malgré la difficulté, j'opère de nouveau, après avoir tourné le peuplier, et, continuant à suivre la direction de mon plomb, que je tenais de la main droite, tandis que, de la gauche, j'écartais des broussailles ou des arbustes à travers les quels il me fallait passer, j'arrive à une source jaillissante.

La victoire sur toutes les difficultés et sur mes propres répugnances était complète ; je venais d'arriver à l'eau qui alimente la citerne, et de l'aveu de tous ceux qui connaissaient le cours de la direction de l'eau, je ne l'avais pas abandonnée d'un pied dans toute la longueur du parcours.

Il faut pourtant que je l'avoue, je me soumettrais de nouveau, avec peine, à une pareille épreuve, bien que celle-ci m'ait réussi en toutes ses circonstances, et malgré les plus graves difficultés, et bien que, ayant fait souvent en particulier des expériences semblables, j'aie eu généralement le même résultat. La raison en est d'abord.

en ce que ces sortes d'expériences provoquent toujours dans l'explorateur une préoccupation qui peut gêner grandement sa liberté d'action; et ensuite, parce que l'observation, déjà répétée, qu'une eau, qui n'est pas resserrée et plus ou moins comprimée à travers les couches de terrain, excerce une influence beaucoup moins grande, me paraît chaque jour plus exacte et plus importante dans la pratique.

—

Il y a environ six ou sept ans, j'étais pour quelques jours à Forcalquier, mon pays natal, dans le département des Basses-Alpes. Le Juge de Paix de la ville, M. Escoffier de Lange, fesait creuser un puits à une propriété voisine. Son beau-frère, M. le juge Arnaud, en avait indiqué le lieu et la profondeur.

M. de Lange avait déjà conduit ses travaux à une profondeur de sept mètres environ. C'est peu de chose dans les pays où l'on est obligé de descendre jusqu'à 20, 30 et même 40 mètres pour avoir un puits ordinaire, mais c'est considérable dans une contrée où l'absence de grands cours d'eau est ordinairement remplacée par une infinité de petites sources faciles à faire jaillir. Une roche vive et dure rendait le percement très-difficile et exigeait l'usage fréquent de la mine. J'arrivai sur ces entrefaites, et je fus prié de jeter un coup-d'œil sur les travaux commencés, et de donner mon avis sur les probabilités de chance de succès.

J'ignorais entièrement les données énoncées par M. le juge Arnaud, lorsque je procédai à l'observation des travaux, et à l'examen de la source. Mon opération se prolongea environ de huit à dix minutes, après lesquelles je crus pouvoir exprimer ainsi mon opinion : Un cours d'eau descendant de la colline de St-Pancrasse et se dirigeant vers l'ancienne chapelle de St-Lazare (deux quartiers de Forcalquier renommés par leur agrément et leur fécondité) passe, du moins en partie, par le point précis où vous avez ouvert votre puits. Mais l'on n'est encore qu'au milieu de la profondeur, sans dire, qu'arrivé à treize ou quatorze mètres, on trouvera dans le terrain un obstacle qui fait dévier légèrement le courant, et qui obligera à percer, à cet endroit, une petite galerie latérale.

Il arriva en effet que tous mes renseignements furent, en substance, les mêmes que ceux de l'habile observateur qui m'avait précédé. Les travaux furent continués, et en quelques jours on arrivait, malgré les obstacles, au point indiqué pour le lieu de la source. Cependant l'eau ne s'était pas montrée; il n'y avait même aucune trace de suintement, et la déception la plus profonde faisait déjà place à l'engouement du succès espéré. C'est bien une preuve que l'exactitude la plus rigoureuse est une condition essentielle de tout percement de source. Mais c'est aussi la justification d'un conseil très utile à tous ceux qui veulent des puits ou des fontaines, à savoir qu'ils doivent toujours s'en tenir scrupuleusement aux indications qu'ils ont reçues, avant de rendre responsable d'un insuccès celui qui les a données.

Dans le cas, dont je parle, il n'y avait aucune faute de la part du propriétaire ou des ouvriers, car ils avaient rempli toutes les conditions voulues, mais il y avait un obstacle dans la nature même du terrain, et c'était justement celui dont j'avais parlé. Cet obstacle, le courage et l'intelligence de M. De Lange, peut-être un peu sa légitime impatience, en vinrent à bout. Le rocher qui servait de base à la galerie souterraine, au lieu d'avoir une coupe horizontale, était surmonté par un nœud semi-sphérique. M. De Lange, frappé de la forme un peu extraordinaire de cette roche, et saisi par une sorte d'intuition que lui révéla un coup d'œil exercé, dit aux ouvriers, prêts à partir pour ne plus revenir : Encore un coup de pic, encore une mine, et tout sera dit pour notre satisfaction si nous ne trouvons rien. A un si beau désespoir, il fallait une digne récompense. On fit une dernière mine, on y mit hardiment le feu, et le rocher, partagé en trois éclats, laissa un libre passage à une eau limpide et jaillissante, qu'il avait tenue cachée jusqu'au dernier moment. Depuis ce jour, cette source a toujours, sauf nne interruption momentanée, due aux ébranlements causés par la mine, continué à alimenter le puits creusé avec tant de peine et de préoccupation.

—

Valensole est une gracieuse petite ville des Basses-Alpes, dans l'arrondissement de Digne, entre Riez, l'antique, et les bords verdoyants de la Durance. Située sur le penchant d'un côteau, elle est abritée contre les vents délétères, et jouit, comme l'indique son nom, de tous les bienfaits que le soleil prodigue aux pays bien placés, aux climats heureux. Construite en amphithéâtre, sa partie supérieure termine une plaine immense et élevée, où l'amandier répand à profusion, avec le parfum de ses fleurs, l'abondance et la richesse de ses fruits, tandis que ses pieds semblent se reposer mollement sur le tapis luxueux des plus fécondes prairies, qui serpentent, jusqu'à Gréoulx-les-bains, dans les plis d'une vallée aussi riche que pittoresque. Des fontaines limpides et torrentielles baignent et fécondent cette partie inférieure de la cité, en même temps que la profondeur et la rareté des puits creusés à son sommet, dénotent l'aridité de la plaine supérieure. En effet, deux puits à peine, celui de la cour de l'ancien couvent, et celui du domaine de la Treille chez M. Briançon, alimentaient le point culminant de la ville de Vallensole, et je suis heureux d'avoir pu, en 1848, en donner un troisième à un habitant honorable de ce quartier, qui laisse ses voisins jouir du bienfait inappréciable que la Providence lui réservait.

A cette époque, je me trouvais à Vallensole. Le propriétaire dont je parle, vint me prier de lui trouver une source *dans sa maison*. Je pris d'abord la proposition pour une amicale plaisanterie, mais forcé bientôt de la prendre au sérieux, je me rendis au vœu de celui qui la faisait. Effectivement, moins d'un quart d'heure après, je lui disais qu'il y avait réellement une source dans sa maison; qu'il m'était pourtant difficile, vu le mauvais temps, de lui indiquer juste, la profondeur. Il me fallait, pour mes opérations, une base que l'état de l'atmosphère ne mettait point à ma disposition; mais on pouvait, sans hésiter, creuser jusqu'à trois mètres environ, en attendant meilleure indication.

Quelques jours plus tard, je déjeunais avec quelques amis— Je cite cette circonstance, parce qu'elle était de nature à fixer le fait dans mon souvenir, par le caractère franc et pittoresque que lui donna une visite imprévue. Au milieu du repas, un loyal propriétaire, moitié citadin, moitié campagnard, entrait parmi nous, tenant, entre ses bras, le payement de ma découverte. Monsieur, me dit-il, en franchissant la haie des convives qui m'honoraient de leur amitié, vous m'avez trouvé de l'eau, je vous apporte du vin. Ce disant, il déposa sur la table une copieuse dame-jeanne de vin blanc, qui eut tous les honneurs de la circonstance, et dont la majeure partie fut pourtant conservée, pour servir annuellement de témoin à la merveilleuse découverte de la source.

Néanmoins, le vin généreux ne suffisant point à nos goûts modestes et peu bachiques, les carafes furent instantanément vidées, et nous exigeâmes de notre échanson, qu'il nous les rapportât pleines de l'eau nouvelle que la divine Providence avait préparée aux soins de son ménage. Il fut fait selon nos désirs, et chacun put boire d'une eau bienfaisante, qui voyait pour la première fois, la lumière du jour.

—

On lisait dans un journal du département du Var, de 1854, le compte-rendu suivant : « Nous sommes heureux de mettre à la connaissance de nos lecteurs un fait surprenant, qui peut amener pour les propriétaires de notre département, des résultats d'une grande utilité. Un hydrographe, dont l'art mérite d'être connu autant qu'il paraît lui-même peu disposé à en faire un usage public, vient de nous révéler, sur la découverte des sources, une aptitude des plus extraordinaires. M. N... propriétaire à Cuers, arrondissement de Toulon, connaissant la propriété magnético-hydroscopique de son respectable ami, a voulu le mettre à contribution pour son usage particulier. A un jour convenu, les deux amis se sont dirigés ensemble à une propriété qui se trouve à deux kilomètres environ de Cuers, sur la route impériale de cette ville à Draguignan.

« Voici, dit M. N... à l'hydrographe officieux, en lui montrant une prairie alors desséchée, le lieu où je désirerais trouver une source, qui me serait d'un immense avantage pour ma propriété, et particulièrement pour ma prairie, dépourvue d'arrosage— Avez-vous quelques données d'après lesquelles je puisse, sans trop perdre un temps précieux, baser mes opérations?— D'après d'anciens renseignements, répondit le propriétaire, je crois qu'en tel endroit, et il désignait en même temps un lieu particulier, nous pourrions explorer utilement ; une eau, qui paraît venir du côté de la ville, pourrait bien passer par ce lieu et me donner la source désirée.—L'hydrographe eût bientôt terminé l'exploration nécessaire pour édifier définitivement le propriétaire sur ce qu'il pouvait faire ; et il crut devoir donner une réponse négative aux prétentions de son ami. Alors, de recommencer l'opération, en la prenant sur la base de l'inconnu, et en quelques minutes, de pouvoir assurer qu'à un autre lieu, fixé par lui, se trouvait une source d'une profondeur déterminée, et dont la direction, tout-à-fait contraire à celle qui avait été d'abord supposée, traversait à angle droit, la route impériale, et venait des collines qui se trouvent en face.

« Le creusement ayant été opéré dans le sens de ces dernières opérations, l'eau a été trouvée à la profondeur donnée, avec une direction perpendiculaire à la route et en la quantité approximative qui avait été annoncée.

« Si nous sommes heureux de transmettre ce fait à la

connaissance de nos lecteurs, c'est que nous espérons que l'habile hydrographe, dont nous parlons ici, utilisera un jour son talent par des explorations pratiques, ou par la publication des moyens qui sont en son pouvoir, pour la découverte des sources et l'indication des courants souterrains ».

Je suis sans doute estimé au delà de mon mérite, par l'habileté que le journal cité veut bien reconnaître en moi, mais il a quelque peu contribué, par son indiscrétion, au court travail que je publie, car j'en conçus l'idée en le lisant. Je puis ajouter à ce qu'il raconte, que j'ai également opéré, avec succès, chez plusieurs propriétaires de Cuers ou du Puget, son voisin, notamment chez **M.** Deidier-de-Pierrefeu, chez M. le Baron du Peloux, et chez d'autres personnes qui m'ont prié, à différentes reprises, de leur donner quelques indications.

Je suis loin de prétendre raconter toutes les découvertes que j'ai faites, et les indications, on ne peut plus précises, que j'ai données en maintes circonstances. Un des inconvénients de ces longs récits, serait de fatiguer mes lecteurs, ce qui serait complètement contraire à ma pensée et au but d'utilité que je me suis proposé, en publiant mes observations.

Par quelques faits seulement, pris de distance en distance, et en des pays différents, on pourra voir suffisamment que ma méthode est, sans interruption, toujours la même, et en même temps applicable dans toutes les conditions possibles. Le fait suivant qui sera un des derniers que je crois devoir citer, en sera une preuve convaincante.

Pendant l'été de 1857, un respectable ami de Paris, professeur au Lycée Louis le Grand, me conduisit chez une honorable famille de la Norville, canton d'Arpajon, département de Seine-et-Oise. Quoique peu crédule alors à l'endroit de mon art, au point d'en plaisanter souvent et très-spirituellement en ma présence, il voulait donner à l'honorable famille Cardon, qui est celle-là même dont je veux parler, la satisfaction de la mettre en rapport avec un explorateur qui pût, autant que possible, seconder son désir de trouver une source peu profonde dans son domaine.

Par une fraîche matinée, nous étions, quelques jours après que la proposition en eût été faite, sur la route d'Arpajon, et nous saluions en la laissant à notre gauche, la célèbre tour de Montléry. Arrivés à la Norville, l'inspection générale et rapide du terroir sur lequel se trouve le domaine de M. Cardon, me donna tout lieu de croire que mes recherches ne seraient point infructueuses. Le résultat fut même au-delà de mes prévisions. Quelques minutes, comme cela m'arrive toujours, m'avaient suffi pour indiquer une eau courante, et pour lui désigner la modique profondeur d'environ deux mètres. M. Cardon désirant connaître la direction de l'eau que je venais de lui indiquer dans son jardin, me pria de sortir dans le champ voisin pour en suivre le cours. Je ne dirai point ici la direction que je suivis, parce que je pourrais trahir, sans le vouloir, les intérêts d'un respectable ami, auquel un voisin pourrait, plus tard, couper la source qu'il a trouvée par mon indication, sur sa propriété.

Mais une circonstance fort singulière, et qui toutefois

n'est pas rare, car elle s'est présentée à mes observations en mainte occasion, vint arrêter ma marche tandis que je suivais le cours de l'eau. Tout-à-coup je me sentis attiré en sens divers, ce qui veut dire ordinairement qu'il y a rencontre entre deux eaux, arrivant de points différents, ou bifurcation, lorsque parties d'un même point, les eaux se séparent pour suivre différentes pentes. Après avoir examiné attentivement la nature et l'ordre du phénomène, je déclarai à M. Cardon que nous étions sur une jonction de deux courants, dont l'un, plus faible, venait de droite, tandis que l'autre, beaucoup plus puissant, nous arrivait à peu près, par une ligne droite, d'un point assez éloigné que j'indiquai.

M. Cardon, occupé en ce moment à des travaux de construction qui ne lui permettaient pas de donner ses soins à la source désignée, se contenta d'en marquer les indications avec une scrupuleuse exactitude. Tout fut fait d'ailleurs en ma présence. Quelques mois plus tard, il faisait creuser, et l'ami bienveillant qui nous avait servi d'entremetteur, m'écrivait de sa part la lettre suivante :

« Mon cher ami, M. Cardon que j'ai vu ces jours derniers, m'a prié de vous écrire combien il est heureux d'avoir fait votre connaissance. Il n'oubliera jamais les deux jours que vous lui avez donnés à sa campagne de la Norville, et il vous demande de lui renouveler votre visite, chaque fois que vous viendrez passer quelque temps à Paris. Mais à côté du plaisir que lui a fait votre bonne amitié, s'en joint un autre qui a bien aussi son mérite. Après avoir fait creuser la source que vous lui avez indiquée, et avoir vérifié soigneusement vos différentes données, sur la direction des eaux, sur leur point de jonction, etc. il a trouvé que tout était parfaitement conforme à ce que vous lui avez dit, et il vous remercie de la source peu profonde et assez abondante qu'il doit à votre complaisance et à votre habileté. »

—

Il me paraît opportun d'ajouter à ces faits une indication assez récente, que j'ai donnée en Afrique, l'été dernier, et qui a été comme les précédentes et grand nombre d'autres, suivie d'un plein succès.

Par une brûlante journée de juillet, je venais de faire, pour la sastifaction de plusieurs personnes respectables qui me l'avaient demandé, deux ou trois explorations aux environs du village de Kouba, près Alger. De retour à Kouba, je fus prié d'entrer dans la maison de M. Richardi grandement désireux d'avoir un puits dans sa cour. C'est peu facile de trouver souvent l'eau désirée, précisément aux endroits fixés à l'avance, surtout quand une course brûlante et des opérations toujours fatiguantes ont précédé, comme ce jour là, ce nouveau travail. Je devais néanmoins ce dévoûment aux personnes bienveillantes qui me le demandaient, bien que ce ne fut point pour leur propre compte.

La cour où je devais explorer, a environ dix mètres carrés, et la maison est assez éloignée de la fontaine du village. Indiquer une source en un lieu si restreint était un peu compromettant pour la réputation de l'art, mais c'était un service trop précieux pour ne pas prendre son courage à deux mains et opérer avec quelque confiance. Si j'avais eu une vertu divine, j'aurais volontiers fait un prodige pour faire jaillir l'eau du sol, avant de tenter une épreuve difficile. Mais je dûs me contenter de ce que la Providence m'a donné.

J'opérai donc sérieusement, aussi désireux de réussir que le propriétaire d'avoir une source. Comme dans mes autres opérations, les quelques témoins qui m'entouraient ne s'étaient pas encore rendu compte de mes mouvements et de mes rapides observations, que déjà je disais à M. Richardi, aussi étonné qu'heureux : Oui, vous avez une source; elle est là, juste au milieu de votre cour, dont elle sera l'ornement, en même temps qu'elle sera pour vous un objet de première utilité, mais elle est profonde. Ce dernier mot, loin d'altérer sa joie indéfinissable, fut pour lui un motif de plus de commencer au plus tôt le percement.

Quelques jours après, je quittais Alger, sans connaître le résultat de mon indication, car la profondeur était considérable. J'avais bien dit qu'on trouverait quelques légers suintements vers la profondeur de quinze mètres, mais j'avais fixé entre quinze et vingt, le passage de la source principale. Trois semaines plus tard, je recevais d'une personne très-recommandable, témoin de l'indication et qui avait suivi les travaux de percement, une lettre qui m'apprenait la complète réussite.

« Je m'empresse, disait cette lettre, de vous faire connaître le résultat des travaux entrepris pour la découverte de la source que vous avez indiquée dans la cour de M. Richardi.

« A quatorze mètres vingt-cinq centimètres, on a découvert comme vous l'aviez d'abord indiqué, plusieurs filaments d'eau, mais assez faibles pour être regardés comme insuffisants. Entre quinze et seize mètres, deux nouveaux suintements ; et enfin à dix-huit mètres, découverte d'une source tellement forte, que le puisatier s'est cru un moment en danger. Dans une demi-heure, nous avions soixante-dix centimètres d'eau, dans une heure, un mètre quatre-vingt, et dans la soirée près de trois mètres. Inutile de vous dire le service immense que vous avez rendu par cette indication. »

Quatre mois après, c'est-à-dire après sept mois d'absence totale de pluie, la même personne nous écrivait encore : « Je viens compléter les renseignements que je vous ai donnés au mois d'août, sur la source que vous avez indiquée à Kouba. L'eau en est très-agréable et plus abondante qu'il ne faut. Dans ce moment, elle s'élève à un mètre quatre-vingt centimètres, ce qui est considérable, attendu que les sources sont devenues très-faibles, les pluies n'étant pas encore arrivées.

« Ajoutez à cela, que le puisatier n'a pu, à cause de la violence de l'eau, nettoyer le fond du puits, ce qui a assurément empêché de mettre au jour, la source, dans tout son volume. »

« Monsieur L***, que vous connaissez bien, a voulu aussi faire creuser un puits dans sa propriété. Il a fait fouiller à l'endroit où le pendule tournait avec le plus de rapidité. Arrivé à huit mètres de profondeur, on a mis au jour une source qui a donné cinq mètres d'eau.— Voilà, bien cher Monsieur, les renseignements que j'avais à vous donner et que je puis certifier. »

« Je ne vous dirai pas que nous attendons avec impatience votre ouvrage sur cette matière. Pour moi, je crois qu'en le publiant, vous faites une œuvre bonne et utile. »

VIII.

Observations hydroscopiques sur l'Algérie et le midi de la France.

A l'occasion d'un travail plus ancien, nous avons fait connaître l'intention de terminer celui-ci par quelques aperçus hydroscopiques sur l'Algérie. C'est ce que nous allons faire, en appliquant ensuite nos observations au midi de la France.

Le premier fait à observer, en Afrique, et par le quel nous devons être conduit à nos observations sur les sources et les courants souterrains, c'est l'état général de l'agriculture et des produits agricoles dans ce pays.

Avant la conquête de 1830, l'Algérie était peu cultivée. Elle ignorait les fatigues, les soucis, les dépenses, tous les travaux, en un mot, qui transforment son sol, depuis que l'activité européenne y prodigue la sueur des colons. Mais aujourd'hui, indépendamment des produits naturels de sa luxuriante végétation, elle donne encore tout ce que l'Europe peut offrir de produits et de richesses de la terre, fécondée par l'intelligence et le travail. Il n'est aucune époque de l'année, aucune saison, aucun mois, qui ne donne son contigent de fruits abondants, et de récoltes variées, aux légitimes désirs du colon laborieux.

Le printemps s'y présente avec cette variété de couleurs et de parfums, que l'on doit attendre d'un pays qui réunit, sous un climat mixte, la végétation de l'Europe à celle de l'Orient. Inutile cependant de parcourir la vaste flore de ses campagnes et de ses innombrables jardins. La nomenclature en serait interminable. Qu'il suffise de dire, que depuis le mois de mars jusqu'à la fin de mai, il n'est aucune plante, humble ou recherchée, aucune tige, petite ou grande, qui ne donne sa fleur embaumée, si ce n'est déjà son fruit; c'est plus que du luxe: c'est une prodigalité sans égale, dont la Providence a enrichi cette nature privilégiée.

Il ne faudrait pas croire que l'été, avec ses longues journées brûlantes et ses vents embrasés, se montre rebelle aux vœux du colon et de l'horticulteur. Rien n'est beau à voir, en cette saison, comme le contraste d'une nature, quelquefois desséchée, pour ne pas dire brûlée, à côté d'une végétation que les flammes invisibles du Siroco sont souvent impuissantes à suspendre.

Après l'été, arrivent le mois de septembre, et l'automne. Nous ne décrirons pas ce que produisent les premières pluies sur une terre ou chaque goutte d'eau est une bénédiction céleste et la condition d'une nouvelle vie.

L'hiver, à son tour, donnera ses fleurs et ses fruits, et fera encore admirer la fécondité d'une végétation inépuisable.

Mais à quoi est dû tout cela? Au travail et à l'intelligence de nos colons, à la sueur qui détrempe le sol comme leurs vêtements, à leur patience, à leur courage, à leurs privations, à leur foi dans l'avenir de la colonie. Car, disons-le, aujourd'hui plus que jamais, cet avenir est certain parce que la sollicitude du chef de l'État a mis à la tête de ce travail, et préposé à la direction de cette intelligence, une administration qui connaît l'Algérie depuis longtemps, qui apprécie sagement ses besoins et ses ressources, et qui a déjà mesuré d'un coup d'œil sûr, l'étendue du possible et du succès.

Le colon qui lira ce petit travail, nous aura compris à la première page. On ne parle pas sans être compris, à des populations intelligentes et laborieuses. C'est pourquoi, parler d'eau, de source, d'irrigations, à l'Algérie, c'est lui dire qu'on voudrait la voir enrichie de ces précieux trésors.

En creusant des sources, le colon aura neutralisé les effets souvent désastreux des variations atmosphériques qui, depuis quelque temps, paraissent intervertir l'ordre des saisons et la chûte autrefois périodique des pluies.

Il aura utilisé des eaux considérables qui parcourent intérieurement les plaines et les vallées de l'Algérie, et qui lui révèleront un jour par leur usage, de nouvelles richesses cachées dans les entrailles de ses vastes terrains.

Mais il faut, pour cela, transpercer, pour ainsi dire, le sol africain ; non plus avec l'épée : cette première condition, il l'a noblement et généreusement subie, mais avec le pic et la tarière, pour lui demander de l'eau et toujours de l'eau. Le peuple romain demandait à ses maîtres du pain et du sang, *Panem et Circenses* ; les colons africains, bien qu'héritiers d'une partie du sol qu'habitaient ces anciens propriétaires de l'univers, ne demanderont à l'Afrique que du pain et de l'eau, *Panem et Aquam*, du pain, pour nourrir leurs familles et les attacher à la patrie adoptive ; de l'eau, pour faire produire ce pain à la terre, pour arroser les pâturages, pour favoriser la plantation de la vigne, pour donner à leurs immenses jardins une fécondité et une richesse, dont on ne peut guère se faire une idée, si on ne les a vus dans leur plein rapport.

A cette condition, l'Algérie sera transformée, multipliée en quelque sorte, et on pourra la voir et l'utiliser, toute entière, dans chacune de ses plages, dans chacune de ses plaines, et sur chacun de ses riants côteaux. On n'a qu'à voir l'Algérie aux abords de ses villes et de ses principaux villages, pour se rendre compte de ce qu'elle serait avec des sources nombreuses ; et encore, les environs des villes et des centres principaux ont-ils été peu sondés jusqu'ici ; et il n'y a nul doute qu'on y découvrirait de grandes sources, si les propriétaires essayaient de les explorer et de les creuser.

Mais il se présente ici naturellement une question, de laquelle dépend essentiellement la solution du problème que nous discutons. C'est celle-ci : l'Algérie est elle réellement apte à contenir et à donner des sources nombreuses et considérables ? Il n'y a en cela aucun doute, si l'on veut se rendre compte, quoique très-succinctement, de la position topographique de ce pays.

Puisque la plupart des sources et des courants souterrains sont formés et alimentés par les eaux pluviales et par celles qui proviennent de la fonte des neiges, il est évident que plus une contrée sera dans des conditions favorables à retenir les eaux, ou à recevoir des neiges abondantes, plus cette contrée sera propice aux sources. Cette aptitude est donc propre à l'Algérie, car ses hautes et larges montagnes sont couvertes par les neiges, une grande partie de l'année, tandis que ses plaines et ses basses terres sont de nature à absorber une grande quantité des eaux pluviales, quelque torrentielles qu'elles puissent être au temps de leur chûte. Il est certain aussi que ces plaines et ces terres retiennent facilement l'eau qu'elles sont absorbée, une vaste lisière de rochers les tenant enclavées entre la mer qui n'a jamais pu les entamer, et en faisant comme un bassin circonscrit, où les eaux intérieures sont forcées de se resserrer en rivières profondes pour trouver une issue.

En effet deux groupes gitantesques de montagnes traversent l'Algérie dans toute sa longueur, parallèlement aux rivages de la mer, laissant entr'elles, et à l'extrémité de leurs versants extrêmes, des plaines immenses. C'est d'abord le groupe ou massif du Tell, formé de onze groupes différents, et séparés les uns des autres par des plaines toutes très considérables. Ces différents groupes partiels du Tell prennent souvent le nom de la ville principale, qu'ils supportent, ou par laquelle ils sont avoisinés. Ce sont par exemple, le massif *Algérien*, le *Tlemsénien*, le *Sitifien*, etc. Avec ces montagnes, nous venons de le dire, ce sont d'immenses plaines, qui se perdent dans un horizon lointain, se sont des plateaux élevés, formant comme d'autres plaines aériennes, ce sont de verdoyantes forêts, des plis et des ondulations de terrains, des collines, jetées çà et là, comme des oasis au milieu des déserts.

Vient ensuite le groupe ou massif S'ah'arien. Moins étendu que celui du Tell, il ne compte que le massif du *Djebel d'Amour*, et celui du *Djebel Aourès*. Mais il est sur ces versants et dans ces vallées, au moins aussi pittoresque et varié que le premier.

Que conclure maintenant de ces données bien générales sans doute, mais aussi bien importantes, relativement à l'objet qui nous occupe? Qu'il doit exister et qu'il existe réellement, dans l'Algérie, une infinité de sources que l'on peut explorer et faire jaillir, soit par le forage, artésien— comme on l'a déjà essayé avec succès— lorsqu'on voudra avoir des eaux abondantes et profondes, soit par le plus grand nombre possible de puits ou de petites sources jaillissantes, lorsqu'un propriétaire voudra, à moins de frais, et pour des usages plus restreints, une fontaine ou une noria; comme lorsque les besoins d'une localité ou d'une commune demanderont une eau nécessaire, mais suffisante, pour l'usage de ses habitants.

Ce travail, en effet, reste à faire, dans un grand nombre de villes et de villages, mais il conduirait à un résultat de première nécessité pour la vie. Aussi nous en sommes convaincu, il ne serait point infructueux. La description topographique de l'Algérie en est le garant. Ses fleuves et ses rivières, perdus en quelque sorte à travers des plaines immenses, où elles s'étendent quelquefois et se développent comme des rubans d'azur sur une large toile, dénotent encore la présence de milliers de sources, à travers ces mêmes plaines ; car ils sont généralement alimentés dans leur cours ordinaire, par une infinité de courants souterrains, qui leur viennent des terres voisines. Le S'ah'ara encore, par les eaux abondantes qu'il contient, dans ses parties sabloneuses, témoigne en faveur de cette vérité. Cependant la profondeur des sources de l'Algérie doit varier considérablement. C'est une conséquence nécessaire de la variété de ses terrains, des hauteurs différentes de ses massifs, de l'inclinaison variée de ses montagnes, des ondulations de ces steppes, de l'étendue de ces plaines et des lisières de ses contours. Ce pourrait être alors un objet d'observation toute particulière, pour un explorateur, qui serait sûr d'ailleurs, de trouver des sources nombreuses, non seulement dans les grandes plaines, mais encore dans les bassins les plus resserrés, et dans la plupart des moindres domaines, parce que tous les courants souterrains de cette contrée sont en rapport avec une infinité de points de départ, d'où les eaux se divisent dans les terrains environnants.

Quand on a vu le midi de la France, on est frappé de la ressemblance qui existe entre ce pays et l'Algérie française. Les proportions y sont sans doute très-restreintes, mais ce sont les mêmes. Ce ne sont plus ces larges et hautes montagnes, ces plaines sans limites qui caractérisent l'Algérie, mais ce sont encore des montagnes et des plaines qui, pour avoir moins d'étendue, n'en sont pas moins dans les mêmes relations respectives de forme et de position. Le midi de la France présente de plus une particularité très-propre à la découverte des sources. C'est l'existence d'un grand nombre de petites vallées, presque toutes en communication avec quelque plaine. Il ne peut donc exister aucun doute sur l'état hydrographique de cette contrée, où la plupart des eaux sont si peu profondes, qu'on peut les mettre à jour sans de grands travaux.

En faisant ce travail, applicable d'ailleurs à tous les pays, nous avons fait sans doute une œuvre bien imparfaite, mais nous avons la conscience et la consolation d'avoir voulu être utile à tous ceux qui peuvent avoir besoin de ces précieux trésors que chacun appelle des sources. Il est vrai qu'il faut des fatigues pour les avoir et les utiliser. Mais la divine Providence n'a-t-elle pas imposé à l'homme le travail, comme condition rigoureuse du bien-être et de la vertu ?

ERRATUM.

A la page 63, ligne 29; au lieu de fig III. lisez fig. II.

TABLE DES MATIÈRES

PRÉCÉDÉE D'UNE NOTE DE L'ÉDITEUR.

L'auteur de cet ouvrage n'a pas cru devoir le faire précéder d'une introduction, attendu que son seul titre fait connaitre assez son but et son utilité. Il nous a paru alors convenable d'en exposer nous-mêmes, très-succinctement, en ces quelques lignes, la nature et la division.

Ainsi qu'on le verra, par l'énoncé des paragraphes désignés en la table suivante, M. l'abbé Descosse regarde les données scientifiques, fournies par la géologie et les autres sciences naturelles, comme des moyens éminemment rationnels pour arriver à la découverte des sources. Mais en même temps, il est loin de regarder comme une vulgaire superstition ou comme un moyen d'éblouir les esprits crédules, l'usage de la baguette de coudrier ou du pendule, lorsqu'il est convenablement appliqué. Ses lecteurs pourront se convaincre d'eux-mêmes, par le raisonnement serré de l'ouvrage, par son exposition nette et claire, par la simplicité et l'authenticité des faits donnés à l'appui, que son auteur est sûr de ce qu'il avance, et qu'il a rendu un vrai service à l'humanité, en exposant sa double méthode d'expérimentation et d'exploration. S'il n'a pas manifesté l'intention de se livrer lui-même à un travail aussi utile que celui d'explorer nos campagnes, pour les enrichir du fruit de son expérience, il nous aura au moins appris dans un ouvrage court, simple et substantiel, tout ce qu'on peut désirer en une matière aussi importante; et il nous aura révélé une aptitude qu'il croit être propre à un très grand nombre de personnes, ainsi que chacun peut l'essayer.

De là, cette grande division qui partage le travail de M. Descosse. Exploration des sources : 1° par les données géologiques ou autres connaissances s'y rattachant : 2° par les données magnétiques.—

L'auteur entend par ce dernier mot, un magnétisme purement naturel et scientifique, soit terrestre, soit organique, et en dehors de tout rapprochement d'ordre moral ou dogmatique.

Après le développement plein d'intérêt de cette division générale, arrivent une série de faits très-intéressants par leur objet et par la manière dont ils sont racontés, puis, comme nous l'avions annoncé par une note antérieure, quelques observations hydroscopiques sur l'Algérie et le midi de la France.

Marseille. Imprimerie Ve P. Chauffard, rue des Feuillants, 20.

NOTA.

Comme nous l'avons déjà dit, quelques ouvrages du même auteur, en matière théologique, philosophique etc. paraîtront successivement.

Nous annonçons d'abord plus spécialement les deux suivants :

IMITATION DE N. S. JÉSUS-CHRIST méditée et commentée dans les Saintes Ecritures.

CONFÉRENCES POUR LE TEMPS DE L'AVENT ET POUR LES FÊTES DE NOEL ET DE L'ÉPIPHANIE, prêchées à la Cathédrale d'Alger ; sur la préparation et l'établissement définitif du règne spirituel de JÉSUS-CHRIST parmi les hommes.

www.ingramcontent.com/pod-product-compliance
Ingram Content Group UK Ltd.
Pitfield, Milton Keynes, MK11 3LW, UK
UKHW021555260726
13993UKWH00002B/852